AF411250

ENCYCLOPÉDIE
DONNAISSANCES AGRICOLES

L. LAVOINE

Les Conserves
Alimentaires

HACHETTE & Cⁱᵉ

1 fr. 80

Les Conserves Alimentaires

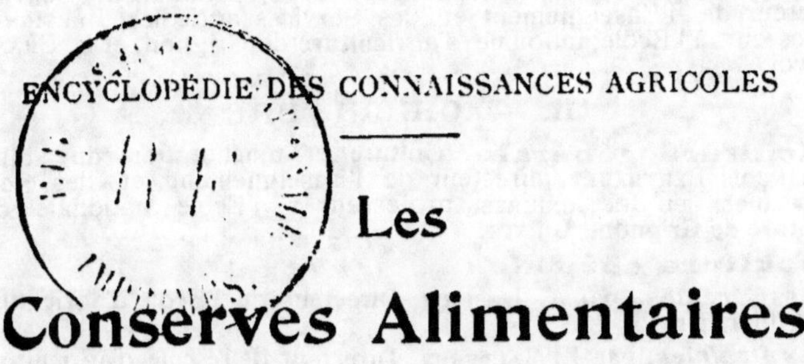

Encyclopédie des Connaissances Agricoles

Publiée sous la direction de E. CHANCRIN

INSPECTEUR DE L'AGRICULTURE

I. — NOTIONS GÉNÉRALES SUR LES SCIENCES APPLIQUÉES A L'AGRICULTURE

★ **Chimie générale appliquée à l'Agriculture,** par E. CHANCRIN, Inspecteur de l'Agriculture. Un vol. 2 50

★ **Chimie agricole,** par E. CHANCRIN. Un vol. 2 50

· **Physique et météorologie agricoles,** par E. CHANCRIN. Un vol. . . . . » »

Zoologie et Microbiologie agricoles, par E. SAGOURIN, Inspecteur de l'Agriculture. Un vol. . . . . » "

Botanique agricole, par PIERRE BERTHAULT, docteur ès sciences, et MOREAU, répétiteur de botanique agricole à l'École nationale d'agriculture de Grignon. Un vol . . . . » »

Géologie agricole (Agriculture comparée), par FRANÇOIS BERTHAULT, directeur de l'Enseignement et des Services agricoles, BRETIGNIÈRES, professeur à l'Ecole nationale d'agriculture de Grignon, et E. CHANCRIN. Un vol. . . . . » »

II. — AGRICULTURE

Agriculture générale (Culture et amélioration du sol), par FRANÇOIS BERTHAULT, directeur de l'Enseignement et des Services agricoles, et BRETIGNIÈRES, professeur à l'Ecole nationale d'agriculture de Grignon. Un vol. » »

Agriculture spéciale :

★ *Les Céréales,* par A. DESRIOT, Directeur de l'École d'agriculture de l'Allier. Un vol. 2 50

★ *Les Prairies,* par L. MALPEAUX, Directeur de l'École d'agriculture du Pas-de-Calais. Un vol. 1 50

★ *Les Plantes sarclées* (Pomme de terre, Betterave, Carotte, etc.), par L. MALPEAUX. Directeur de l'Ecole d'agriculture du Pas-de-Calais. Un vol. . . . . 2 »

Les Plantes Industrielles :

★ *La Betterave à sucre, la Betterave de distillerie et la Chicorée à café,* par L. MALPEAUX, Directeur de l'Ecole d'Agriculture du Pas-de-Calais. Un vol. 1 50

★ *Les Plantes oléagineuses,* par L. MALPEAUX, Directeur de l'École d'agriculture du Pas-de-Calais. Un vol. . . . . 1 »

★ *Les Plantes textiles,* par L. BONNÉTAT, Professeur à l'École d'agriculture de la Vendée. Un vol. . . . . 50 c.

★ *Le Tabac,* par F. DE CONFEVRON, Vérificateur de la culture des tabacs. Un vol. . . . . 75 c.

★ *Le Houblon,* par G. MOREAU, Professeur de brasserie à l'École nationale des industries agricoles de Douai. Un vol. . . . . 75 c.

★ **Arboriculture fruitière,** par J. VERCIER, Professeur d'horticulture et d'arboriculture de la Côte-d'Or. Un vol. 3 50

★ **Culture potagère,** par J. VERCIER. Un vol. 3 50

★ **Viticulture moderne,** par E. CHANCRIN. Un vol. . . . . 3 »

★ **Forêts, Pâturages et Prés-Bois.** Economie Sylvo-Pastorale par A. FRON, Inspecteur des Eaux et Forêts. Un vol. 1 50

Industries agricoles :

★ *Le Blé, la Farine, le Pain,* Étude pratique de la meunerie et de la boulangerie par ED. RABATÉ, Professeur départemental d'agriculture du Lot-et-Garonne. Un vol. 1 80

Industries agricoles (*Suite*)

★ *Le Vin*, Procédés modernes de préparation, d'amélioration et de conservation, par E. Chancrin. Un vol. 2 50

★ *Le Cidre*, Guide pratique de production et de préparation, par P. Labounoux, professeur départemental d'agriculture de la Manche et Touchard, directeur de l'Ecole d'agriculture de Petré. Un vol. . 2 »

Le Sucre, Procédés de fabrication et utilisation de sous-produits, par G. Pagès, Professeur à l'École nationale des Industries agricoles de Douai. Un vol. . . . . » »

★ *La Bière*, Procédés modernes de préparation et utilisation de sous-produits, par G. Moreau, Professeur de brasserie à l'Ecole nationale des Industries agricoles de Douai. Un vol. . . . . : . 50 c.

★ *Les Eaux-de-vie et les Alcools*, Guide pratique du Bouilleur de cru et du Distillateur, par G. Pagès, Professeur à l'Ecole nationale des Industries agricoles de Douai. Un vol. 1 50

★ *Les Essences et les Parfums*, Extraction et fabrication, par A. Rolet, Professeur à l'Ecole d'agriculture d'Antibes, suivi de l'Essence de térébenthine, par Ed. Rabaté, Professeur départemental d'agriculture du Lot-et-Garonne. Un vol. 1 25

★ *Laiterie, Beurrerie, Fromagerie*, par V. Houdet, Directeur de l'Ecole nationale d'industrie laitière à Mamirolle. Un vol. 1 25

★ *Huilerie agricole*, par P. d'Aygalliers, Professeur à l'Ecole d'agriculture d'Oraison. Un vol. . . . . 75 c.

★ *Les Matières textiles* (Voir le fascicule *Les Plantes textiles* dans l'Agriculture spéciale).

★ *Les Conserves alimentaires* (fabrication ménagère et industrielle), par L. Lavoine, Professeur d'agriculture. Un vol. 1 80

III. — LES ANIMAUX

Les Abeilles et le Miel. Petit traité d'Apiculture pratique, par M. Gaget, professeur à l'Ecole d'agriculture de l'Allier. Un vol. . . . . » »

Les Poissons. Petit traité de Pisciculture pratique, par Zipcy, professeur à l'Ecole d'agriculture de l'Oisellerie (Charente) Un vol. . . . » »

Les Animaux de basse-cour. Petit traité d'Aviculture pratique, par M. Franky-Farjon, directeur de l'Ecole d'aviculture de Houdan. Un vol. . . . . » »

Le Ver à soie et le Mûrier. Petit traité de Sériciculture pratique, par M. Mozziconacci, directeur de la Station de sériciculture d'Alais. Un vol. . . . . » »

Le Cheval, l'Ane, le Mulet, par M. Montoux, directeur de l'Ecole d'agriculture de Grand-Jouan. Un vol . . . . » »

Le Bœuf, par M. Kohler, directeur de l'Ecole nationale d'Industrie laitière de Mamirolle (Doubs). Un vol . . . . »

La Vache laitière, par M. Marcel Vacher, éleveur, Membre du Conseil supérieur de l'Agriculture, de la Société nationale d'agriculture de France, etc. Un vol . . . . » »

Le Mouton et la Chèvre, par M. Guicherd, inspecteur de l'agriculture. Un vol . . . . » »

Le Porc, par M. Goussé, éleveur à Craon. . . . . » »

La Médecine Vétérinaire à la ferme. Un vol . . . . . . » »

IV. — GÉNIE ET ÉCONOMIE RURALE

Les Constructions rurales, par M. Maitrot, ingénieur du Service des Améliorations agricoles. Un vol. . . . . » »

Machines agricoles et moteurs, par M. L. Fontaine, professeur à l'Ecole de l'Oisellerie, près Angoulème (Charente). Un vol . » »

Drainage et irrigations, par M. Rolley, Ingénieur du Service des Améliorations agricoles. Un vol. . . . . » »

Economie rurale, Coopérative et Assurance, moyen de bien acheter et de bien vendre, par M. J. Lejeaux, Ingénieur agricole. Un vol. . . . . » »

L'avocat conseil des Campagnes. Législation rurale. Un vol. . . . . » »

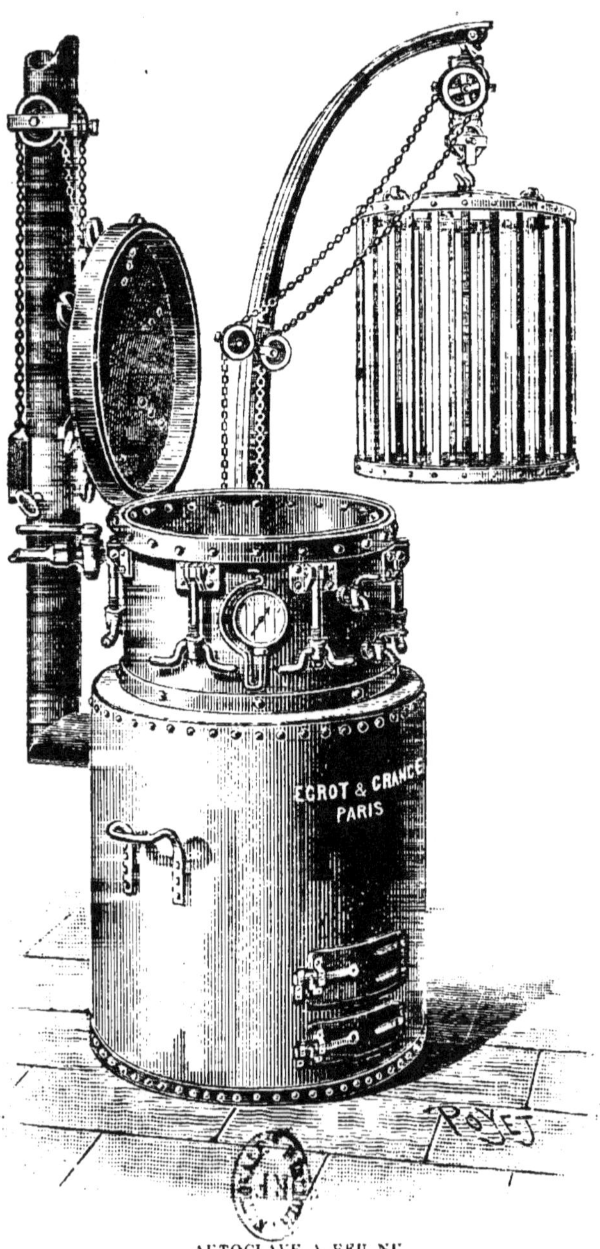

AUTOCLAVE A FEU NU

ENCYCLOPÉDIE DES CONNAISSANCES AGRICOLES
Sous la Direction de M. E. CHANCRIN, Inspecteur de l'Agriculture.

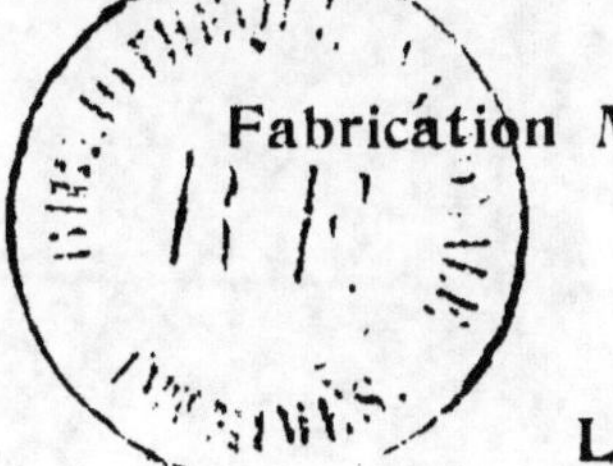

Les Conserves Alimentaires

Fabrication Ménagère et Industrielle

PAR

L. LAVOINE

Ingénieur-agronome
Professeur à l'École d'Agriculture de l'Allier

CINQUIÈME ÉDITION

SILO DE LÉGUMES

PARIS
LIBRAIRIE HACHETTE ET Cie
79, BOULEVARD SAINT-GERMAIN, 79

1914

INTRODUCTION

La conservation des aliments est rendue nécessaire sous notre climat par la rareté et la cherté des produits frais pendant l'hiver ; elle est possible à cause de l'abondance et du bon marché de ces produits pendant la belle saison. Elle est assurée par l'emploi de procédés capables de ralentir ou d'empêcher les fermentations.

Ce petit livre contient l'exposé des procédés applicables par la ménagère et le principe des procédés industriels. *Il s'adresse tout particulièrement à la* maîtresse de maison, *mais il intéresse également les* cultivateurs, *qui peuvent et doivent se grouper pour devenir industriels et commerçants. A ce double titre, la fabrication des conserves alimentaires est une industrie agricole.*

A la campagne on laisse perdre beaucoup de fruits et l'on ne fait généralement pas de conserves de légumes verts. On s'imagine à tort que la préparation des conserves est seule possible dans l'industrie. La ménagère de la campagne *trouvera dans ce petit livre des procédés très simples pour conserver tous les aliments, soit à l'état frais, soit à l'état de conserves proprement dites, c'est-à-dire de préparations ayant subi un certain traitement qui en modifie la saveur et les propriétés. Nous avons donné les meilleures recettes pour la préparation des confitures ; nous les avons empruntées aux lauréats des concours de confitures institués par le syndicat des fabricants de sucre de France. Nous n'avons pas oublié la conservation des œufs, du lait, du bouillon et surtout de la viande, à l'état frais, pendant les grandes chaleurs de l'été.*

Nous pensons que notre travail sera également utile à la ménagère des villes. *Elle trouve bien de la viande fraîche tous les jours, elle trouve même, en toute saison, dans les villes importantes, des légumes et des fruits frais, mais à des prix qui ne sont guère abordables pour les bourses modestes. Par contre, les fruits et les légumes sont à très bon marché dans la pleine saison. La ménagère en profitera pour faire des conserves de fruits : compotes, confitures, et des conserves de légumes verts; elle conservera même avantageusement les œufs quand ils seront peu coûteux.*

Le traité, s'adressant tout particulièrement à la ménagère, devra être lu par les futures maîtresses de maison, c'est-à-dire par les élèves des écoles de filles, aussi bien de l'enseignement primaire que de l'enseignement secondaire.

Enfin la conservation industrielle des aliments intéresse le cultivateur. *Généralement, il se contente de fournir la matière première : légumes, fruits, viande, etc., à un usinier, qui les transforme; mais les producteurs trouveraient avantage à s'associer en vue de la conservation de leurs produits par les procédés industriels. De nombreuses coopératives laitières existent pour l'utilisation des produits de la laiterie; de semblables associations peuvent être créées par des producteurs ayant en vue le commerce de tous produits agricoles et horticoles, soit à l'état frais, soit après transformation en conserves. Nous avons fait une description sommaire des appareils et des procédés industriels et nous avons donné un développement assez considérable à la conservation par le froid; cette méthode est appelée à une grande extension, car le froid laisse aux produits leur apparence de fraîcheur et toutes leurs qualités.*

L'agriculteur a d'autant plus le devoir d'être industriel pour conserver ses produits, qu'il ne peut les vendre à un taux rémunérateur quand ils sont abondants sur le marché. C'est un spectacle lamentable de voir la quantité de fruits mal utilisés ou qui sont vendus à vil prix au moment de la récolte quand celle-ci est abondante. La conservation des fruits de choix dans un fruitier ou une chambre froide, la transformation des autres en confitures ou en fruits secs, assureraient au producteur une juste rémunération de son travail. Or, le plus souvent, en France, il n'existe pas d'usines dans les pays de production des fruits : c'est aux cultivateurs à les créer par l'association.

En résumé, ce petit livre intéresse la ménagère et le cultivateur. Il sera lu utilement par les jeunes gens qui se destinent à la profession agricole.

Lavoine.

LES
CONSERVES ALIMENTAIRES

NOTIONS PRÉLIMINAIRES

1. Altérations des substances alimentaires. — Les substances végétales et animales qui nous servent d'aliments s'altèrent dès qu'elles n'appartiennent plus à des végétaux ou à

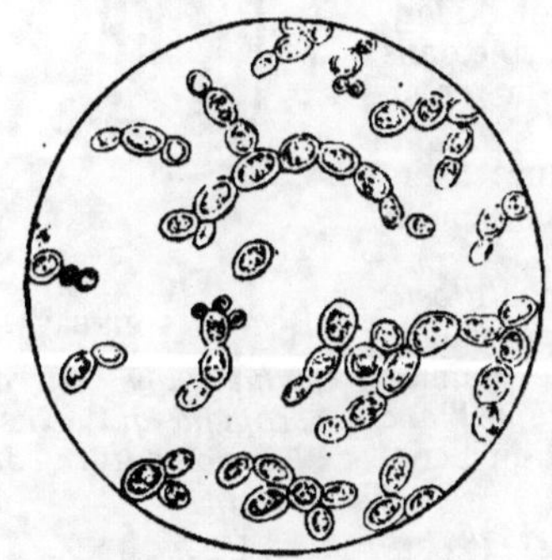

FIG. 1. — LEVURE DE VIN.

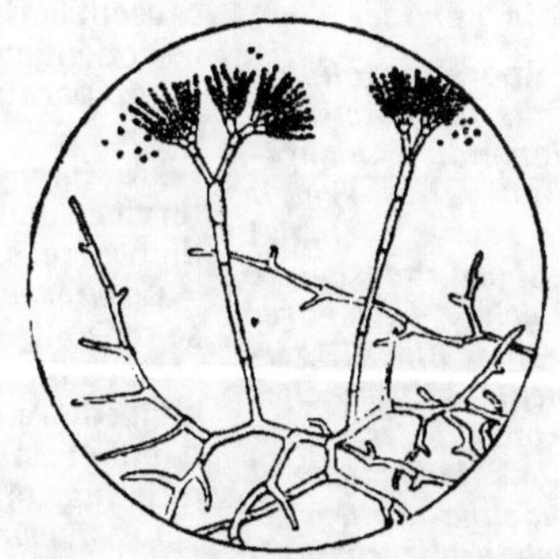

FIG. 2. — PENICILLIUM GLAUCUM.
Moisissure bleue qui détermine l'affinage du fromage de Roquefort.

des animaux *vivants* : cette altération est connue sous les noms
de *fermentation*, de *putréfaction*. Elle est due, comme l'a démontré Pasteur, à des êtres extrêmement petits, appelés *microbes*[1] que l'air renferme toujours en plus ou moins grande quantité. Enfin elle consiste en une décomposition[2] des ma-

---

1. On comprend sous le nom de microbes les champignons microscopiques et les bactéries.

2. Les microbes jouent un rôle utile dans la nature quand ils décomposent les matières organiques qui ne nous servent pas d'aliments ; « si les êtres microscopiques disparaissaient de notre globe, la surface de la terre serait encombrée de matières organiques mortes et de cadavres de tous genres (animaux et végétaux). Ce sont eux principalement qui donnent à l'oxygène ses

1

tieres organiques qui perdent ainsi tout ou partie de leur propriétés utiles suivant que la transformation est plus ou moins complète.

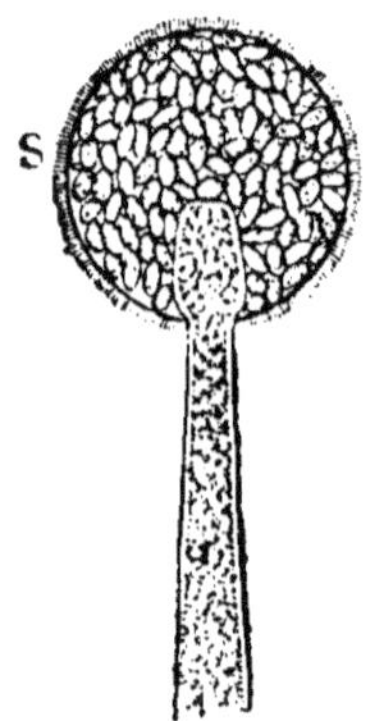

FIG. 3.
MUCOR MUCEDO.

Moisissure des fruits, des confitures, du pain humide.

S, Sporange *ou organe de fructification du champignon, Il est rempli de spores* [1]. *Quand le sporange est mûr, il éclate. Les spores se disséminent, germent quand elles trouvent des conditions favorables et chacune d'elles reproduit le champignon.*

Les espèces microbiennes sont très nombreuses : Les *levures alcooliques* sont les agents de la fermentation du sucre de raisin (fig. 1).

Les *penicillium*, les *mucor* sont des moisissures très répandues sur les raisins, les pommes, le fromage, le pain humide (fig. 2 et 3).

Le *Botrytis cinerea* cause la pourriture grise du raisin (fig. 4).

Les *ferments lactiques* transforment le lactose ou sucre de lait en acide lactique, ils causent la coagulation du lait, ils jouent un grand rôle dans la préparation de la choucroute.

L'*oidium lactis* (fig. 5) intervient dans le rancissement du beurre.

Le *micrococcus prodigiosus* se rencontre sur la pomme de terre cuite, le pain humide qu'il colore en rouge, le blanc d'œuf et dans le lait qu'il coagule (fig. 6).

Le *ferment butyrique* se trouve dans le lait. le fromage, la choucroute, dans les racines en putréfaction. Les micro-

FIG. 4.
BOTRYTIS CINEREA.

Champignon microscopique qui cause la pourriture du raisin.

S, *Organe de fructification.*

bes, qui interviennent dans la putréfaction des matières animales sont le *proteus vulgaris*, le *bacillus subtilis* ou *bacille du foin* (fig. 7, 8 et 9), le *micrococcus prodigiosus*, le *bacterium coli* (fig. 10) de l'intestin, les *ferments de l'urine*, etc.

2. Principe de la conservation des aliments. — Pour conserver les aliments, il faut combattre les causes naturelles de

---

propriétés comburantes ; sans eux, la vie deviendrait impossible. car l'œuvre de la mort serait incomplète » (Pasteur).

Voir nitrification des matières organiques dans *Chimie agricole*. (Encyclo-edie agricole pratique).

Voir *Microbiologie* (Encyclopédie agricole pratique).

1. La spore est un organe de multiplication des végétaux inférieurs et des êtres microscopiques ; elle se forme chez les microbes quand le milieu nutritif s'épuise et elle est beaucoup plus vivace que la cellule végétative constituant le microbe adulte.

leurs altérations, c'est-à-dire détruire les microbes ou empêcher leur développement. Examinons rapidement les conditions d'existence des microbes :

1° **Température.** — Les microbes ont besoin pour végéter d'une certaine température. Il existe pour eux, comme pour tous les êtres vivants, une température minimum, maximum et optimum. Au-dessous du minimum, le microbe est en état de vie latente, mais il n'est pas tué. La température optimum est la plus favorable à sa multiplication. Si l'on s'en éloigne, la vitalité du microbe diminue et il finit par être tué. On conçoit d'après cela, la possibilité de conserver les aliments en les *stérilisant par la chaleur*, c'est-à-dire en les portant à la température mortelle pour les germes ; à la condition toutefois d'empêcher leur infection ultérieure.

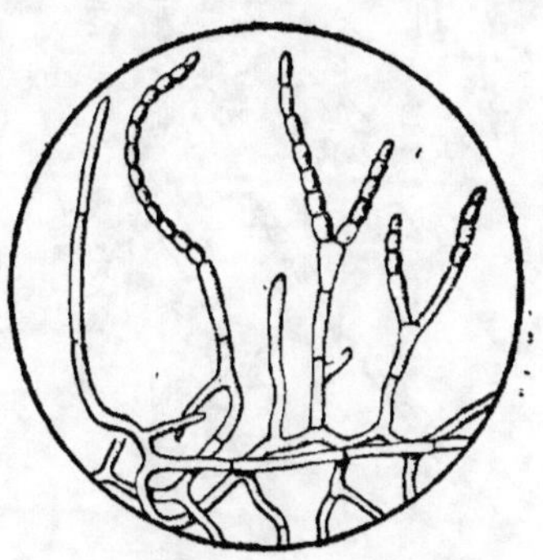

FIG. 5. — OIDIUM-LACTIS.
Moisissure nuisible au lait, à la crème et dans certains cas aux fromages.

On les conservera également en les refroidissant au-dessous de la température minimum : *Conservation par le froid.*

2° **Humidité.** — Dans une atmosphère sèche, le développe-

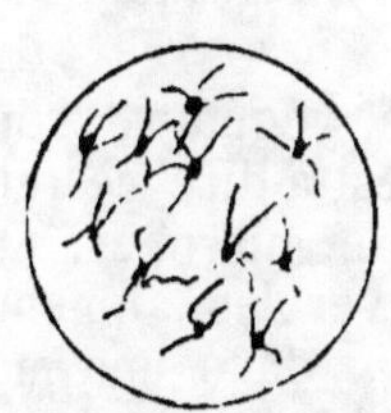

FIG. 6.
MICROCOCCUS PRODIGIOSUS

Un des microbes de la putréfaction. Il colore en rouge le pain humide. Il est la cause des hosties sanglantes.

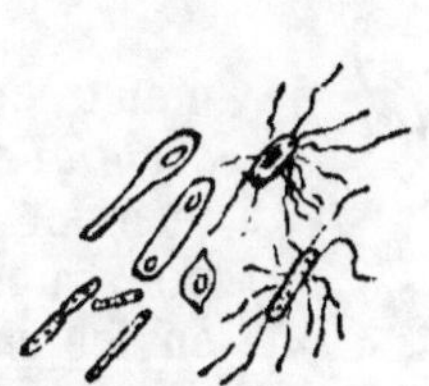

FIG. 7.
FERMENT BUTYRIQUE.

Microbe qui cause la pourriture des légumes.

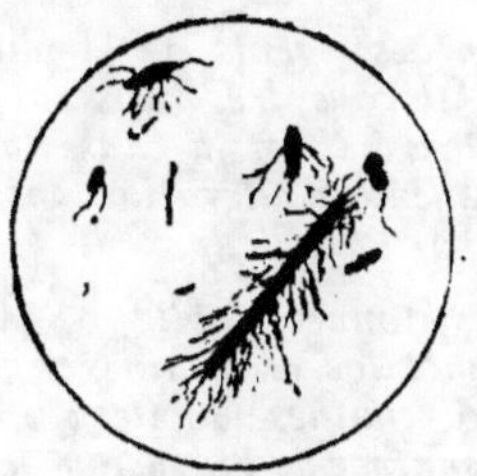

FIG. 8.
PROTEUS VULGARIS,
d'après M. Kayser.

Un des microbes de la putréfaction des matières animales.

ment des germes est impossible. Nous conserverons les aliments par *dessiccation.*

3° **Aération.** — Certains microbes ont besoin d'oxygène pour vivre. On les dit *aérobies.* Les autres ne peuvent se développer qu'en l'absence de l'air, on les dit *anaérobies*. Enfin, certaines espèces sont facultativement aérobies et anaérobies. Toutes les espèces sont mélangées dans la nature. Il est donc impossible de conserver les aliments par privation d'air.

4° **Action des agents chimiques.** — Certains corps dits *antiseptiques* tuent les microbes. On conservera les aliments par les *antiseptiques*.

5° Les tissus sains des ani-

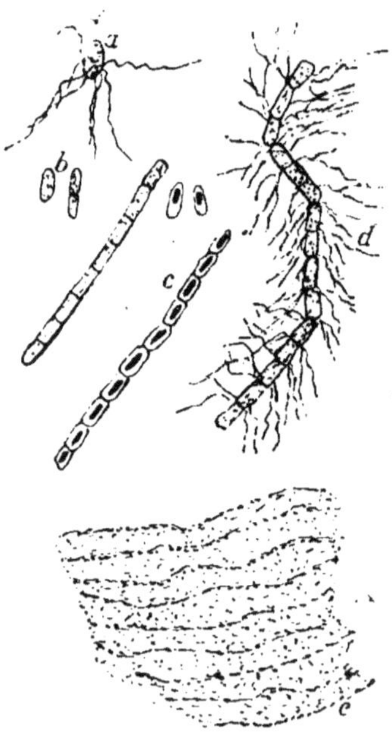

Fig. 9. — Bacillus subtilis, d'après Kayser.

Un des agents de la putréfaction. Microbe très résistant à la chaleur. Il est la cause la plus fréquente d'altération des conserves par la chaleur.

a. bâtonnet mobile; b, bâtonnet immobile et chaînes; c, Spores; d, chaînes mobiles; e, voile à la surface de l'infusion de foin.

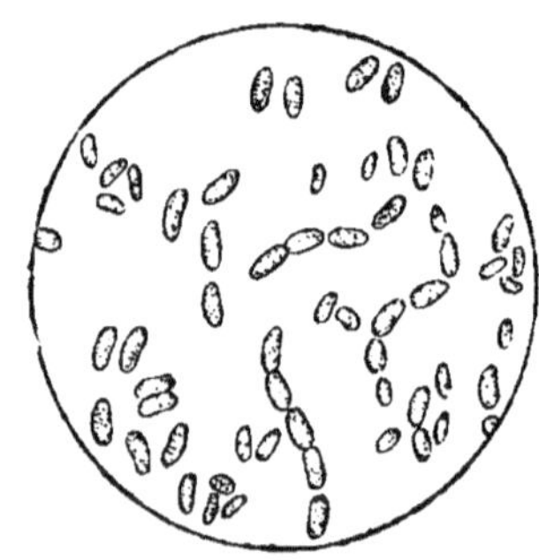

Fig. 10. — Bacterium coli.

Un des microbes de la putréfaction des matières animales.

maux et des végétaux sont *aseptiques*, c'est-à-dire ne renferment pas de microbes. On pourra conserver les aliments en les *enrobant* dans une matière imperméable à l'air et aux germes, ou capable de filtrer l'air en le débarrassant de ses germes : **Conservation par enrobage.**

Observation générale. — *Quel que soit le procédé employé, la conservation sera d'autant plus facile que le produit sera moins souillé de germes. Aussi doit-on traiter des substances très fraîches et s'entourer des plus grands soins de propreté. L'air est une source de contamination beaucoup moins importante que les mains, les récipients, les locaux, les machines.*

PREMIÈRE PARTIE

STÉRILISATION PAR LA CHALEUR

I. — MÉTHODE APPERT OU CONSERVATION EN RÉCIPIENTS HERMÉTIQUEMENT CLOS

CHAPITRE 1

GÉNÉRALITÉS SUR LA MÉTHODE APPERT

3. Principe de la méthode. — La méthode Appert consiste essentiellement :

1° *A enfermer le produit à conserver dans des récipients hermétiquement clos : flacons en verre ou boîtes métalliques.*

2° *A porter contenant et contenu à une température suffisante pour tuer tous les germes.*

Elle est applicable aussi bien dans la fabrication ménagère que dans la fabrication industrielle.

4. Résistance des microbes à la chaleur. — La température mortelle pour les microbes varie avec les espèces, avec le développement de l'individu, avec la réaction du milieu, avec le mode de chauffage et la durée.

D'une façon générale, les moisissures (champignons microscopiques) sont moins résistantes que les bactéries.

La réaction acide du milieu favorise la stérilisation.

Les microbes résistent plus longtemps à la chaleur sèche qu'à la chaleur humide. Ils sont plus rapidement tués dans l'eau ou la vapeur d'eau, que dans l'air sec ou dans l'air plus ou moins humide.

La spore moins riche en eau est plus résistante que l'individu adulte. Le microbe desséché, comme le grain de blé bien sec, supporte des températures élevées sans perdre sa faculté germinative. Le blé exposé à 105 degrés en atmosphère sèche peut encore germer. Le microbe sec résiste à des températures de 110 degrés, 120 degrés et au delà. Les microbiologistes portent à 180 degrés les récipients en verre qu'ils veulent stériliser.

D'une manière générale, les microbes adultes sont tués à une température humide inférieure à 100 degrés; une ébullition de 10 minutes les détruit tous sûrement. Les spores supportent en général quelques minutes d'ébullition sans périr et quelquefois même sans faiblir. Certaines spores, comme celles du bacille du foin résistent à plusieurs heures d'ébullition. Les microbiologistes stérilisent les milieux de culture pour microbes par 20 minutes d'exposition dans la chaleur humide à 120 degrés.

MODES DE STÉRILISATION

5. Modes de stérilisation. — La stérilisation des conserves a lieu : 1° à l'air libre à 100 degrés; 2° sous pression à température supérieure à 100 degrés.

1° **Stérilisation à l'air libre à 100 degrés.** — *Procédé Appert.* — Les vases à conserves, flacons ou boîtes sont soumis à la température de l'eau bouillante dans un bain-marie.

Emploi de la vapeur à 100 degrés. — Les conserves rangées dans une armoire spéciale sont soumises à l'action de la vapeur d'eau à 100 degrés (fig. 32 et 33).

La stérilisation à 100 degrés, quoique généralement efficace, expose à quelques insuccès. Si la conserve renferme des spores particulièrement résistantes, celles-ci ne seront pas détruites et se développeront quand les conditions de température seront favorables.

Tyndallisation. — La tyndallisation permet d'obtenir une stérilisation absolue à 100 degrés et même à une température inférieure à 100 degrés.

La méthode consiste à appliquer trois chauffages de 5 minutes chacun au bain-marie à 100 degrés, à 24 heures de distance l'un de l'autre.

Le lait s'altère quand on le porte à une température supérieure à 70 degrés. On le tyndallise par cinq chauffages de 5 minutes chacun à 65 degrés.

D'après Duclaux, les chauffages répétés atténuent progressivement la vitalité des microbes et finissent par les tuer.

2° Stérilisation sous pression à température supérieure à 100 degrés. — Ce mode de stérilisation permet de réduire la durée de chauffage et d'obtenir une stérilisation absolue.

Emploi de solutions salines. — On sait que l'eau bout à 100 degrés sous la pression atmosphérique ordinaire. Les sels en solution dans l'eau élèvent le point d'ébullition. Les vases hermétiquement clos plongés dans une solution saline en prennent la température; la tension des vapeurs à l'intérieur des vases est supérieure à la pression atmosphérique. Si le vase n'est pas hermétiquement clos, il prend seulement la température qui correspond au point d'ébullition du liquide qu'il renferme, sous la pression atmosphérique.

Une solution saturée de sel marin,	bout à	108°,4
— — d'azotate de potassium	—	115°,9
— — de chlorure de calcium	—	179°,5

Emploi de l'autoclave; autoclaves de ménage. — On obtient des températures supérieures à 100 degrés à l'aide de l'*autoclave.* Cet appareil repose sur le principe suivant : l'eau bout à 100 degrés sous la pression atmosphérique normale. Si la pression supportée par la surface libre du liquide augmente, l'ébullition a lieu à une température supérieure à 100 degrés.

L'autoclave est une marmite de Papin qu'on ferme hermétiquement, quand l'eau est portée à l'ébullition. La tension de la vapeur d'eau augmente et la température s'élève en même temps.

L'autoclave se compose essentiellement d'une chaudière cylindrique en bronze ou en tôle, chauffée à feu nu (fig. 11) ou à la vapeur. Le couvercle est serré sur un joint de caoutchouc ou d'amiante par des vis de pression. Les accessoires sont : un robinet pour l'échappement de la vapeur, un thermomanomètre qui indique la pression et la température, une soupape de sûreté.

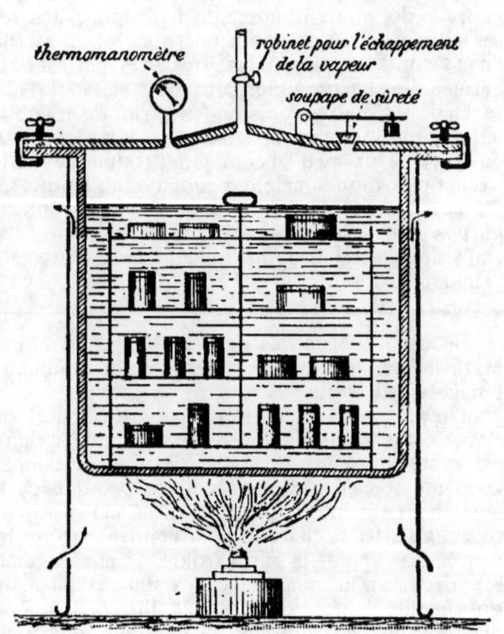

FIG. 11. — COUPE THÉORIQUE DE L'AUTOCLAVE.

Il existe de grands appareils que l'industrie seule peut utiliser : *Autoclaves Frédéric Fouché, autoclaves Égrot et Grangé* (fig. 25 et 26). *Mais il existe aussi de petits modèles peu coûteux, parfaitement à la portée des bourses modestes et que l'on peut employer dans les ménages.* Citons, par exemple, l'*autoclave à feu nu, petit modèle*, de la *maison Égrot et Grangé*, l'*autoclave d'essais* de *Frédéric Fouché*, et l'*autoclave* de la *Société du Bouchage pneumatique*. Ce sont des autoclaves à feu nu que l'on peut placer sur tous les fourneaux de cuisine[1].

La stérilisation des conserves à l'autoclave se fait dans l'eau et non dans la vapeur. Il serait bon d'éliminer complètement l'air des récipients à conserves pendant leur bouchage, afin que leur température intérieure soit partout uniforme pendant le chauffage[2] et dans le but également de leur constituer une atmosphère de vapeur d'eau seule qui stérilise plus vite que l'air humide.

Les microbiologistes obtiennent ce résultat en bouchant simplement d'un tampon de ouate (ouate non hydrophile) les récipients en verre contenant les milieux de culture pour microbes et en stérilisant dans la vapeur et non dans l'eau. L'ouate se laisse traverser par les gaz et les vapeurs et arrête les germes. Les flacons vides, ainsi bouchés sont d'abord portés à la température sèche de 180 degrés ; puis on les garnit de la substance à stériliser : bouillons, lait, sérums, pommes de terre, etc., et on les porte à l'autoclave dans laquelle on a versé un peu d'eau. On produit l'ébullition et on laisse la vapeur s'échapper abondamment pendant cinq minutes, avant de fermer le robinet d'échappement. On est ainsi assuré que l'autoclave et les flacons sont bien purgés d'air. Le tampon d'ouate a laissé filtrer l'air des flacons, il empêchera l'infection ultérieure du milieu de culture en arrêtant les germes de l'atmosphère.

---

1. Fouché, 38, rue des Écluses-Saint-Martin, Paris. — Égrot et Grangé, rue Mathis, Paris. — Société du Bouchage pneumatique, 134, Galerie de Valois, Palais-Royal, Paris.

2. *Remarque.* — « Il ne faut jamais oublier, dans le maniement de l'autoclave, cette loi physique importante : que si dans un espace clos la pression est nécessairement la même partout, la température n'est aussi partout la même que s'il n'y a pas autre chose que de la vapeur dans tout l'espace et si on en a bien évacué tout l'air. C'est la vapeur qui en se répandant partout régularise la chaleur en se condensant sur les points les plus froids suivant le principe de la paroi froide. Si elle est empêchée d'y arriver ou de s'y renouveler suffisamment par l'existence d'un matelas d'air, il se produit malgré l'égalité de pression des inégalités de température ; .... quelques degrés de moins en un point quelconque où on aurait laissé de l'air peuvent y laisser persister des germes......... Il faut donc, si l'on veut être sûr de l'uniformité des températures par l'uniformité de la pression, évacuer tout l'air tant à l'intérieur des vases qu'à leur extérieur par une ébullition prolongée pendant quelques minutes sous la pression atmosphérique ». DUCLAUX, *Microbiologie.*)

RÉCIPIENTS A CONSERVES
EMPLOYÉS DANS LA MÉTHODE APPERT

Les différents récipients à conserves employés dans la méthode Appert par la *fabrication ménagère* et par la *fabrication industrielle* peuvent être classés en deux catégories.

1º *Les flacons en verres;*

2º *Les boîtes métalliques.*

I. — FLACONS EN VERRE

6. Description. — Les flacons en verre sont bouchés au liège ou à l'aide d'une fermeture spéciale.

1º **Flacons en verre avec bouchage au liège.** — *Dans les ménages on emploie des bouteilles ordinaires en verre vert ou mieux des flacons en verre blanc solide à plus large ouverture de la contenance d'un litre.*

La fermeture s'obtient à l'aide d'un bon bouchon de liège qu'on enfonce à la main, avec une batte, ou à la machine. Il est bon d'assouplir et de stériliser préalablement les bouchons par une immersion dans l'eau froide qu'on porte ensuite à l'ébullition. On rendra plus tard la fermeture hermétique en cachetant les flacons à la cire après le chauffage au bain-marie. On évite ainsi une lente infiltration de l'air à travers le bouchon plus ou moins poreux.

Ficelage des bouchons. — Généralement les substances à conserver sont accompagnées d'un liquide : eau, jus, sirops.

Le bouchage à la main laisse subsister un petit espace rempli d'air entre le liquide et le bouchon.

Le liquide se dilate, les gaz augmentent de tension pendant le chauffage. Il est donc nécessaire de fixer solidement le bouchon pour éviter sa sortie du goulot. Les gaz et le liquide en excès filtreront alors entre le verre et le bouchon en stérilisant le liège.

a) Quand le flacon est bouché à la main, le bouchon fait saillie au-dessus des bouteilles et le ficelage se fait aisément avec une ficelle (fig. 12 et 13).

b) La machine à boucher enfonce complètement le bouchon dans le goulot. On applique alors une petite plaque de tôle sur le bouchon et on ficelle au fil de fer (fig. 14).

c) Il existe enfin des *fixe-bouchons spéciaux* comme le fixe-bouchon Gasquet couramment employé pour la pasteurisation du vin en bouteilles. Il est d'ailleurs facile de fabriquer des fixe-bouchons avec de petites plaques de tôle repliée (fig. 15).

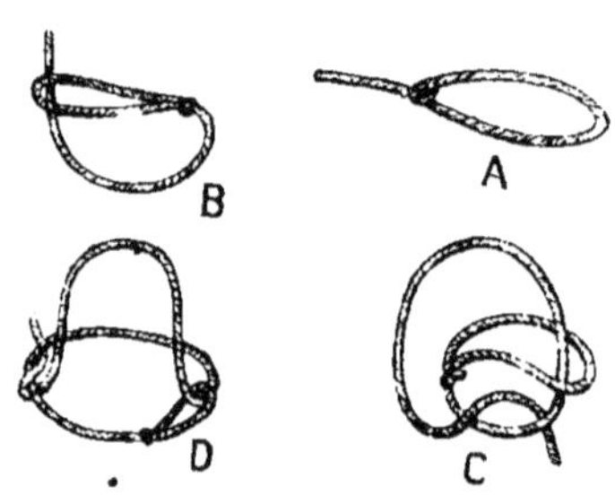

FIG. 12.
FICELAGE DES BOUCHONS.

Pratique de la stérilisation des flacons bouchés au liège dans un bain-marie. Conseils aux ménagères. — *Procédé Appert*. — Pour opérer la stérilisation au bain-marie, la ména-

FIG. 13. — AUTRE MANIÈRE DE FICELER LES BOUCHONS.

gère se servira d'une grande bassine, d'un chaudron, de la chaudière à cuire les pommes de terre ou de la lessiveuse. Le commerce livre des bains-marie spéciaux (fig. 19), les fabriques de conserves utilisent les bassines en cuivre à blanchir les légumes (fig. 27 et 28) et les autoclaves ouverts.

Le chauffage des flacons ne doit jamais être direct, qu'il se fasse à la vapeur ou à feu nu ; la ménagère posera les flacons sur un paillasson ou sur des sacs

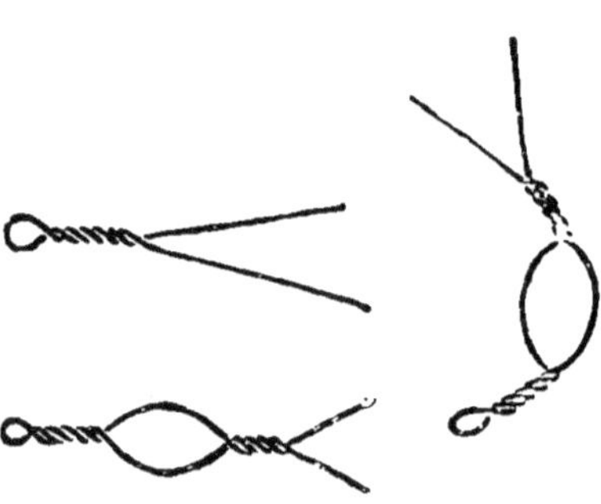

FIG. 14. — FICELAGE AU FIL DE FER.

(les bains-marie du commerce sont munis d'un double fond ou d'un panier métallique).

Les flacons entourés de petit foin sont placés debout. On verse l'eau froide jusqu'au niveau de la bague de la bouteille de manière à éviter toute rentrée d'eau, au moment du refroidissement ; ou bien on immerge entièrement les bouteilles, les

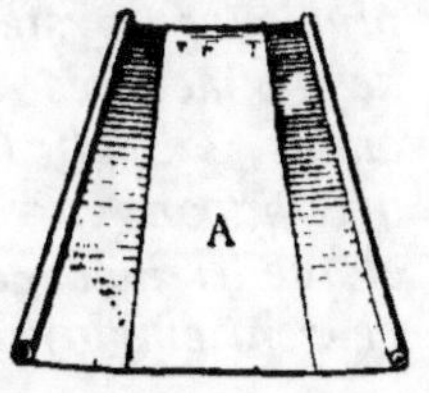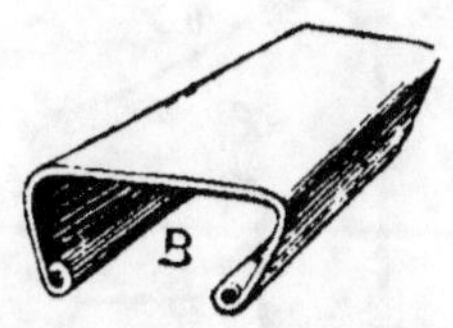

FIG. 15. — FIXE-BOUCHONS.

A, *On rabat les bords de la plaque de tôle de manière que l'appareil puisse s'adapter sur des goulots de hauteur et de diamètre différents.* — B, *Le Fixe-Bouchon.* — C, *L'Appareil en place. Coupe.*

recouvrant de deux à trois centimètres d'eau, et on enlèvera l'excès de liquide au-dessus du bouchon pendant le refroidissement. On chauffe alors modérément, afin d'élever lentement et progressivement la température et d'éviter la casse. Il faut 20 minutes pour arriver à l'ébullition, qu'on maintient modérée pendant tout le temps nécessaire à la stérilisation. Il est même prudent de ne pas dépasser la température de 95 degrés. On peut couvrir le récipient pour éviter l'évaporation de l'eau. On laisse refroidir les flacons dans le bain-marie même, puis on les cachète à la cire et on les conserve dans une cave saine,

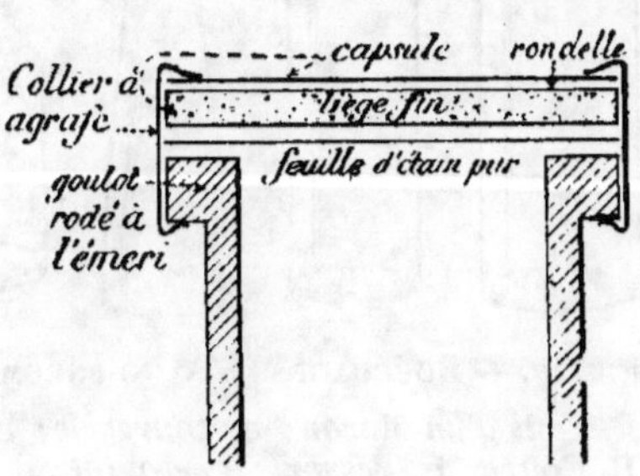

FIG. 16. — BOUCHAGE PHÉNIX.

couchés le goulot complètement incliné, de manière qu'il n'y ait point de vide entre le bouchon et le liquide intérieur.

Procédé Fastier. — Dans le mode de bouchage précédent, s'il reste un peu d'air entre le liquide et le bouchon, la stérilisation pourra n'être pas complète ; nous avons dit en effet que la résistance des microbes dans l'air humide est plus considérable que dans l'eau ou dans la vapeur d'eau.

On chasse complètement l'air des flacons en employant le procédé Fastier. On laisse un trou dans le bouchon qu'il est inutile de ficeler ; quand le chauffage est terminé, on ferme avec un peu de cire à cacheter. On peut aussi introduire entre le bouchon et le goulot, une petite gouttière métallique qu'on enlève ensuite.

2° Flacons en verre à fermeture spéciale.

*— Il existe plusieurs systèmes de fermetures spéciales, applicables aux flacons en verre et que les **ménagères** peuvent employer.*

Le bouchage Phénix[1] est couramment employé, par les usines de conserves, sur les flacons en verre. Il consiste à appliquer sur le goulot rodé à l'émeri, une feuille d'étain pur, puis une rondelle de liège fin et à recouvrir d'une capsule métallique sertie à la machine sous la bague du goulot (fig. 16).

La capsule est en deux pièces : 1° une rondelle ; 2° un collier à agrafe, qu'il suffit d'enlever pour ouvrir ensuite le flacon.

La stérilisation a lieu au bain-marie et à l'autoclave.

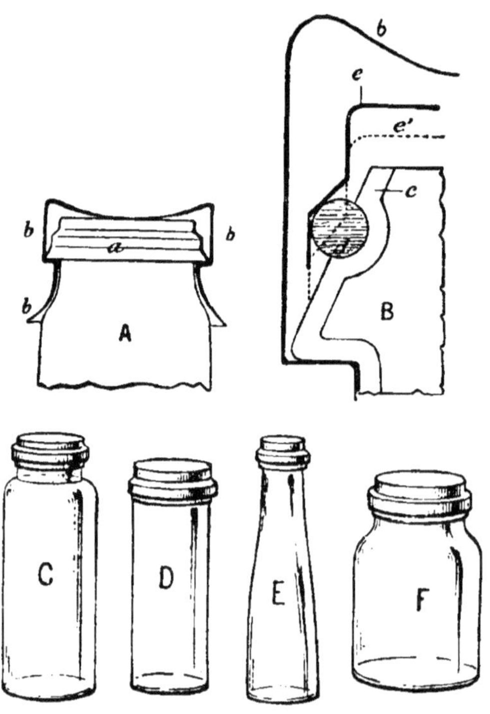

FIG. 17. — BOUCHAGE " L'AUTO-PNEUMATIQUE "[2].

A, *Profil d'un flacon* ; a, *couvercle* ; b, *ressort* ;
B, *Coupe* ; b, *ressort* ; c, *goulot* ; d, *bague de caoutchouc* ; e, *couvercle avant la stérilisation* ; e', *couvercle après la stérilisation.*

Pour ouvrir le flacon, il faut crever la capsule.

C, *Flacon à conserves forme pois* ; D, *Flacon à conserves forme cylindrique* ; E, *Forme Paris* ; F, *Forme basse.*

Le bouchage pneumatique[2]. *— Le commerce livre des flacons en verre à **bouchage pneumatique**, utilisés dans l'industrie et qui peuvent aussi rendre de grands services pour la fabrication ména-*

---

1. WEISENTHANNER, 8, rue Voltaire, Montreuil-sous-Bois.

2. Bouchage l'Auto-Pneumatic. J. Bing, 39, rue Lafayette, Paris. — Stérilisation système Weck : Lepage, 67 boulevard Haussmann, Paris. — Bouchage Éclair : Weisenthanner, 8, rue Voltaire, Montreuil-sous-Bois. — Bouchage pneumatique, E. Borde, 134, Galerie de Valois, Paris.

gère des conserves. La fermeture est rendue hermétique par une rondelle de caoutchouc fin; le couvercle est maintenu par un ressort ou un collier. Les flacons sont remplis entièrement. Pendant le chauffage, le liquide se dilate, le couvercle cède suffisamment

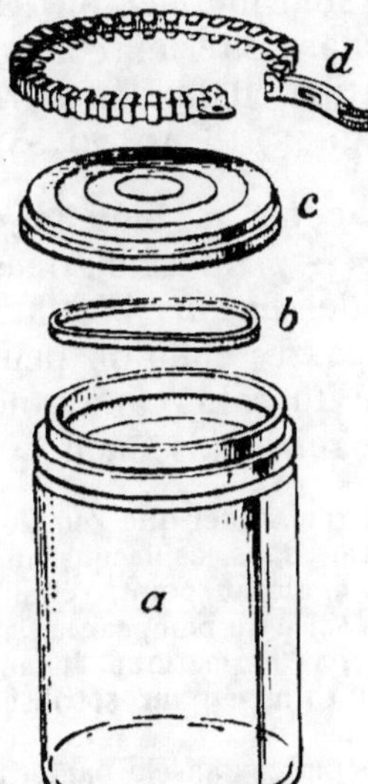

Fig. 18.
BOUCHAGE " ÉCLAIR ".

a, *Flacon;* b, *Bague de caoutchouc;* c, *Couvercle;* d, *Collier.*

Fig. 19. — BAIN-MARIE " ÉCLAIR ".

pour laisser échapper le trop-plein; il ne reste pas d'air dans le flacon, la stérilisation se fait entièrement par la chaleur humide. Pendant le refroidissement la vapeur

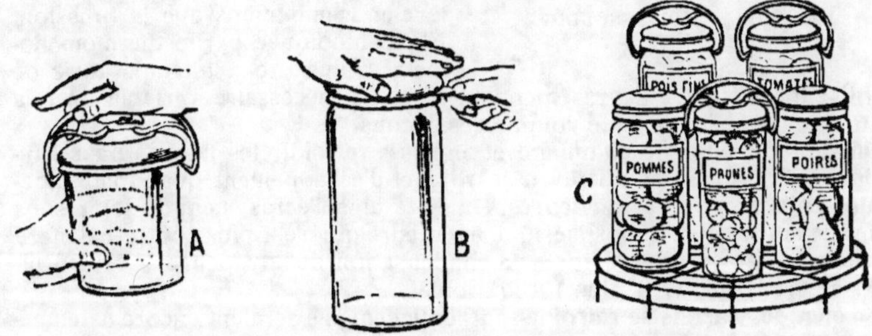

Fig. 20. — BOUCHAGE SYSTÈME WECK.

A, *Fermeture du flacon avec un courbet formant ressort et poignée;* B, *Ouverture du flacon : prendre par l'oreille le cercle de caoutchouc formant joint, le tirer pour faire rentrer l'air;* C, *Flacons disposés sur un panier métallique pour la stérilisation au bain-marie.*

d'eau se condense dans le flacon, le vide se fait au-dessous du couvercle que la pression atmosphérique appuie énergiquement sur la rondelle de caoutchouc rendant ainsi la fermeture hermétique. Le ressort et le collier sont inutiles, on les enlève et si aucune fermentation ne se déclare ultérieurement, ce qui est l'indice d'une bonne conservation, il faudra faire rentrer l'air dans le flacon pour l'ouvrir (fig. 17, 18, 19, 20 35).

Pratique de la stérilisation des flacons à bouchage pneumatique. — *Stérilisation au bain-marie.* — Elle a lieu dans les mêmes conditions que la stérilisation des flacons bouchés au liège; elle offre moins de chances de casse; enfin on peut plonger entièrement les flacons dans l'eau du bain, car on ne craint pas de rentrée de liquide pendant le refroidissement.

Stérilisation à l'autoclave. — Faisons d'abord remarquer que l'emploi d'un bain-marie d'eau salée ne permet pas d'obtenir dans les flacons une température égale au point d'ébullition de l'eau salée du bain, car la fermeture n'est pas hermétique. Il faut employer l'autoclave pour stériliser sous pression.

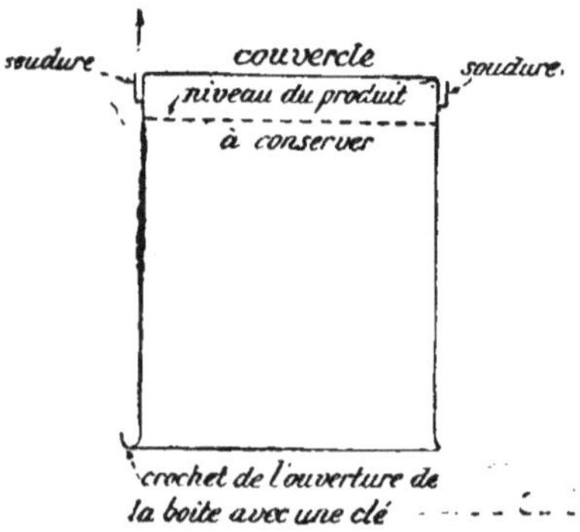

Les flacons placés dans le panier à flacons (fig. 24) sont introduits dans l'autoclave à l'aide d'un appareil de levage (fig. 23 et 25). On verse de l'eau de manière à ce que les flacons soient immergés. Le couvercle est mis en place, le robinet d'échappement est ouvert. L'eau est portée à l'ébullition. Quand la vapeur s'échappe abondamment, on ferme le robinet d'échappement. La température s'élève en même temps que la pression. Elle est indiquée par le thermomanomètre. On reste à la température de

FIG. 21. — BOITE SOUDÉE.

stérilisation 110 à 112 degrés, pendant le temps nécessaire variable avec la nature de la substance et le volume des flacons.

On supprime alors le chauffage et on laisse refroidir les flacons dans l'autoclave même. Il est bon d'ouvrir le robinet d'échappement quand la température est descendue à 100 degrés. On évite ainsi l'écrasement du joint sous l'effet de la pression atmosphérique extérieure qui n'est plus contre-balancée par la pression intérieure après la condensation de la vapeur. Il faut d'ailleurs se garder d'ouvrir plus tôt le robinet.

En effet, les flacons se refroidissent lentement; ils seraient encore à température supérieure à 100 degrés quand le manomètre marquerait 100; une ébullition tumultueuse de leur contenu liquide occasionnerait de la casse.

La conduite de l'autoclave varie avec les différents modèles et suivant que le chauffage est à feu nu ou à la vapeur (fig. 25 et 29).

II. — BOITES MÉTALLIQUES

7. Description. — Le verre a l'avantage d'être transparent, mais il est fragile. L'industrie substitue dans beaucoup de cas les boîtes métalliques aux flacons. Ces boîtes sont opaques, mais résistantes et bonnes conductrices de la chaleur. Elles sont en fer-blanc étamé à

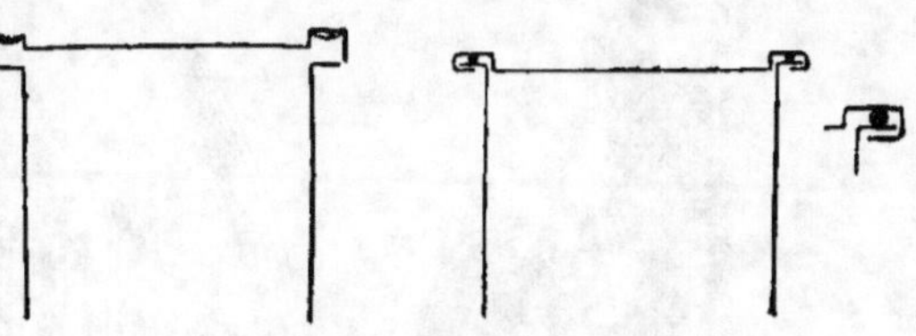

FIG. 22. — BOITE SERTIE.

l'étain fin. Les soudures intérieures doivent également être faites à l'étain fin. Le plomb doit être proscrit à cause de sa toxicité. Le conseil d'hygiène interdit son emploi dans l'industrie des conserves alimentaires. Les boîtes sont peu coûteuses. Elles ne servent qu'une fois et sont vendues à emballage perdu. Les couvercles sont *soudés* ou *sertis*.

FIG. 23.
PANIER D'AUTOCLAVE ET SON CHARIOT.

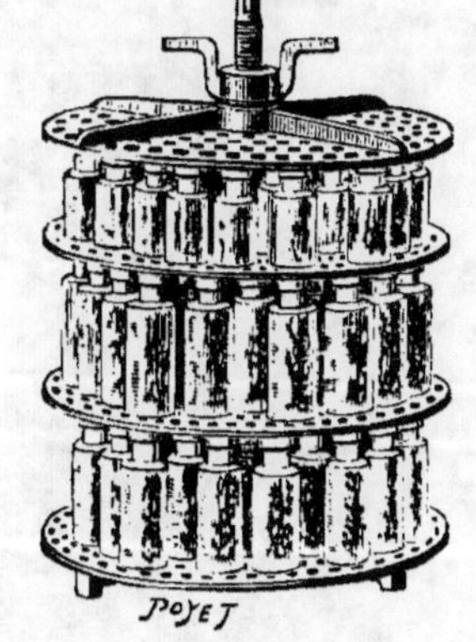

FIG. 24.
PANIER A FLACONS.

Boîtes à couvercles soudés. — La soudure est faite non aux acides, mais avec la résine en poudre. On vérifie l'étanchéité des boîtes pleines en les plongeant dans l'eau chaude. Des bulles d'air s'échappent, s'il y a des solutions de continuité dans la soudure.

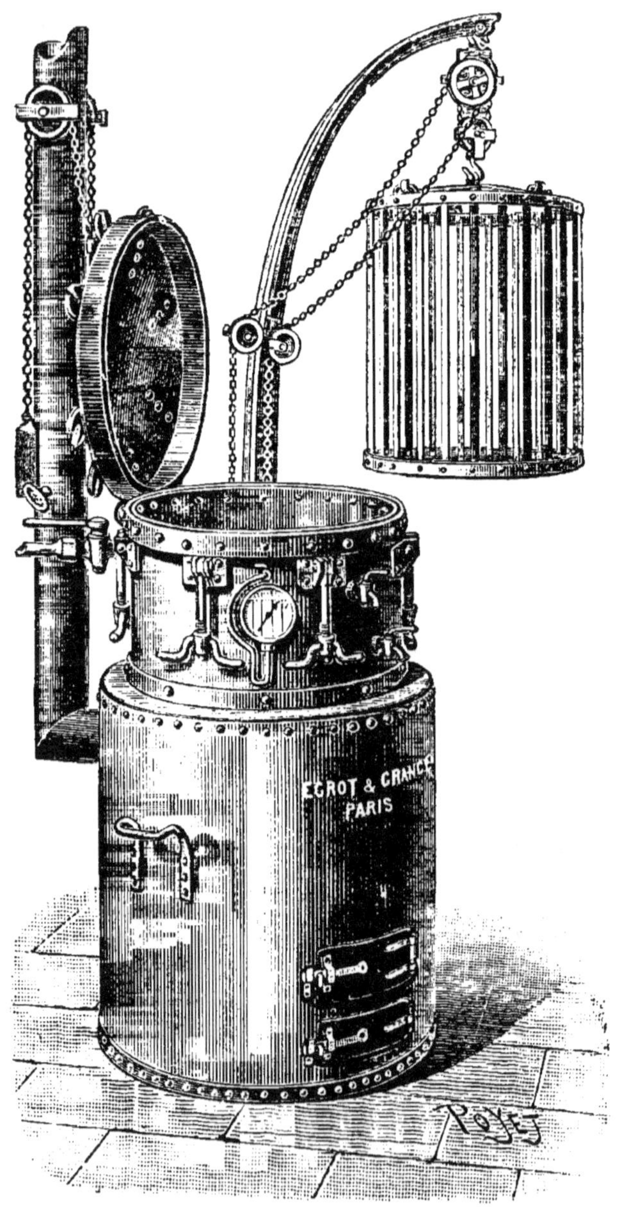

FIG. 25. — VUE DE L'AUTOCLAVE A FEU NU AVEC APPAREIL POUR LE LEVAGE DU PANIER.

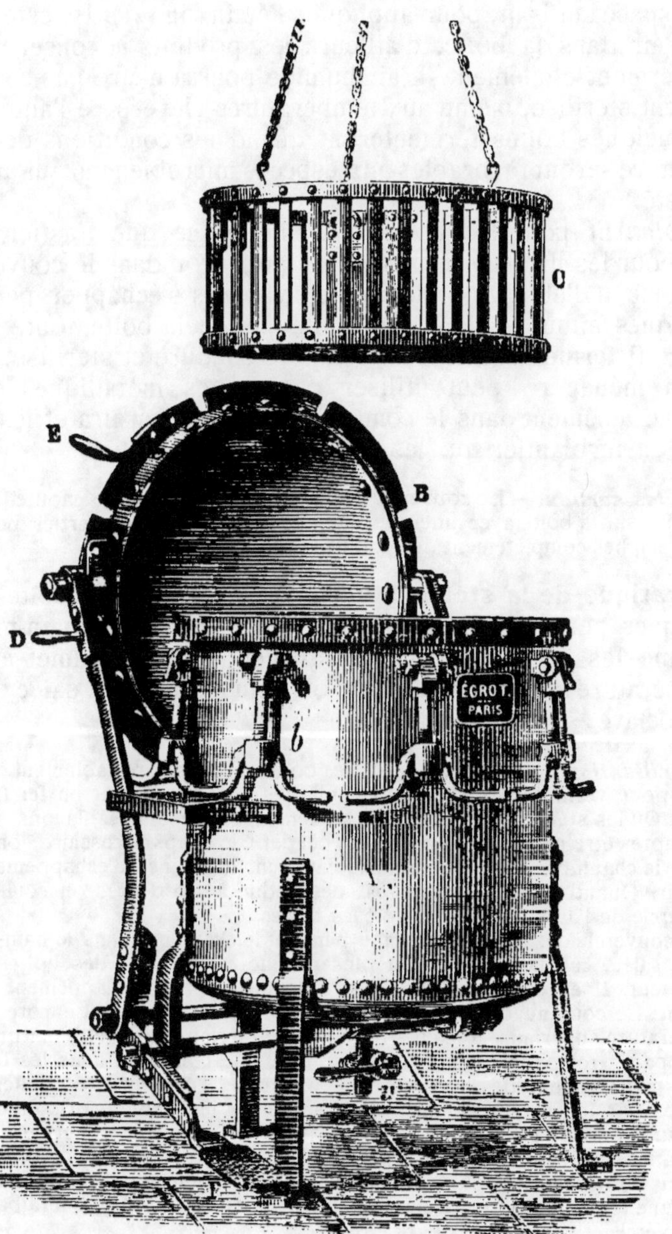

FIG. 26. — AUTOCLAVE A CONSERVES A VAPEUR, SYSTÈME EGROT
A COUVERCLE ARTICULÉ, AVEC UN DEMI-PANIER.

La boîte n'est pas remplie entièrement, car il faut laisser un espace suffisant pour appliquer l'étain (fig. 21). Il reste donc de l'air dans la boîte, d'ailleurs les produits à conserver en renferment également. L'air humide pourra n'être pas complètement stérilisé, même aux températures élevées de l'autoclave et quelques boîtes fermenteront quand les conditions de température seront favorables aux espèces microbiennes qui auront résisté.

Colon fit pour les boîtes métalliques ce que Fastier avait fait pour les flacons. Il ménage un petit trou dans le couvercle. Il porte à l'ébullition, laisse les vapeurs s'échapper pendant quelques minutes, de façon à éliminer de la boîte toute trace d'air. Il ferme ensuite d'un grain de soudure et stérilise.

La ménagère peut utiliser des boîtes métalliques qu'on trouve aisément dans le commerce. Elle les garnira et les portera au ferblantier qui les soudera.

Boîtes serties. — Le couvercle porte une mince bague de caoutchouc. Il est serti sur la boîte avec une machine spéciale. Les boîtes serties peuvent être remplies complètement du produit à conserver (fig. 22).

Pratique de la stérilisation des boîtes. — Les boîtes métalliques peuvent être stérilisées à 100 degrés, au bain-marie, comme les flacons. Plus généralement, on les soumet à une température supérieure à l'aide du bain-marie d'eau salée ou de l'autoclave.

Stérilisation en autoclave. — Les boîtes pleines, préalablement éprouvées pour vérifier l'étanchéité sont placées dans un panier en fer (fig. 23 et 25). On les stérilise dans l'eau de la même manière que les flacons. Toute fois, après être resté à 110-112 degrés pendant le temps nécessaire, on supprime le chauffage et on ouvre immédiatement le robinet d'échappement de vapeur. Quand la température est descendue à 100 degrés on soulève le couvercle de l'autoclave et on sort les boîtes.

Le couvercle des boîtes se bombe pendant le chauffage dans le bain-marie d'eau salée, car la pression est plus grande à l'intérieur des boîtes qu'à l'extérieur. Il en est de même dans l'autoclave après l'échappement de la vapeur. Le contenu des boîtes, qui se refroidit lentement, est encore à une température supérieure à 100 degrés quand le thermo-manomètre marque 100. Mais, par le refroidissement, la vapeur d'eau se condense dans les boîtes. En outre le volume des substances a diminué et l'oxygène des boîtes non traitées par le procédé Colon a été absorbé par les matières organiques. Il en résulte un vide partiel dans la boîte qui se déforme sous l'effet de la pression atmosphérique. — C'est l'indice de l'herméticité des boîtes. La dépression du couvercle sera plus tard l'indice d'une bonne conservation. Si, en effet, une fermentation se déclare, la pression des gaz dégagés fera bomber le couvercle et la conserve devra être jetée.

CHAPITRE III

LES CONSERVES DE LÉGUMES
DANS LES MÉNAGES ET DANS L'INDUSTRIE
PAR LA MÉTHODE APPERT

8. Les différentes opérations à effectuer. — D'une manière générale la conservation des légumes par la méthode Appert comporte les opérations suivantes :

1° Le *triage*;
2° Le *nettoyage*;
3° Le *blanchiment*;
4° Le *rafraîchissage*;
5° La *mise en boîtes ou en flacons avec ou sans jutage*;
6° La *stérilisation*.

Les légumes à conserver doivent être très frais. Il faut les travailler autant que possible aussitôt après la cueillette.

Le *triage* consiste à éliminer les légumes inférieurs, puis à faire un choix parmi les bons. La *ménagère* ne prend pas plus de peine pour conserver de belles asperges, des haricots fins et tendres, des pois fins. L'*industriel* a un intérêt majeur à classer les produits par qualité et prix. En outre, il importe d'opérer la stérilisation sur des produits de même grosseur.

Le *nettoyage* doit être fait soigneusement. La conservation est facilitée et les produits destinés à la vente impressionnent l'œil favorablement.

Le *blanchiment* consiste à faire subir aux légumes une cuisson plus ou moins profonde dans l'eau. Les microbes adultes, une grande partie des spores, sont tués ou affaiblis. Le blanchiment permet à l'industriel de réduire la durée de stérilisation à l'autoclave où l'action prolongée d'une température élevée mettrait les légumes en bouillie. Le blanchiment s'opère dans l'industrie dans des bassines chauffées à feu nu ou à la vapeur (fig. 27 et 28).

Les légumes sont placés dans un panier mû par un appareil de levage.

La ménagère qui stérilise au bain-marie à 100 degrés pourra

réduire la durée du blanchiment. Elle mettra les légumes dans un panier à salade ou un panier en osier fin et se servira d'un chaudron quelconque.

FIG. 27. — Bassine a feu direct avec panier en cuivre.

Dans tous les cas, les légumes à blanchir seront plongés dans l'*eau bouillante*.

Les légumes verts perdent leur couleur vive par la cuisson. On peut atténuer un peu cette décoloration en alcalinisant l'eau avec du carbonate de soude. L'industrie les reverdit pendant le blanchiment avec le sulfate de cuivre. Elle satisfait ainsi le consommateur qui s'imagine à tort que les conserves reverdies sont plus naturelles et plus saines que les conserves blanchies par la cuisson.

Le **rafraîchissage** consiste à refroidir brusquement et complètement les légumes dans un courant d'eau froide afin de les raffermir.

Les légumes sont **mis en boîtes** ou en **flacons** et peuvent être ainsi **stérilisés**. Le plus souvent on les additionne d'un jus approprié.

9. Asperges en branches. — Les asperges sont classées en deux catégories dans l'industrie : les asperges grosses, droites et blanches sont dénommées *extra*, les autres constituent le *premier choix*.

Les asperges sont coupées à la longueur voulue. On les gratte

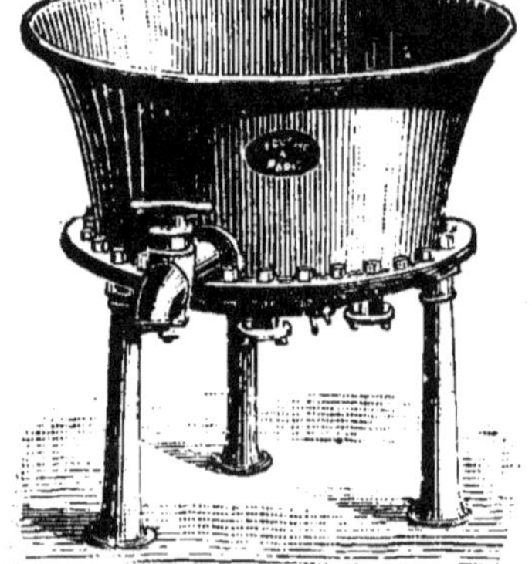

FIG. 28. — Bassine a double fond lenticulaire pour le chauffage a la vapeur.

légèrement avec un couteau sans toucher à la tête ou bien on les trempe dans l'eau chaude et on les essuie avec un linge.

Le *blanchiment* est une opération délicate. Il importe de ne pas rompre les asperges dont la lignification et par suite la résistance va en décroissant de la base à la tête.

Les asperges réunies en bottes sont placées debout, la tête en haut dans le panier des bassines à blanchir. Quand l'eau est en pleine ébullition, on plonge le tiers inférieur des asperges. Après huit ou dix minutes d'ébullition, temps qui varie avec la grosseur et la dureté, on plonge les deux tiers de l'asperge, on compte trois ou quatre minutes et on immerge l'asperge tout entière ; après deux minutes, on lève le panier. Les asperges sont mises à rafraîchir dans l'eau froide et courante pendant une heure. On les égoutte et on les met en flacons ou en boîtes. Les flacons sont cylindriques, les boîtes sont prismatiques ou cylindriques ; dans les premières les asperges sont placées dans un sens et dans l'autre et le couvercle appuie fortement ; dans les deuxièmes, les asperges sont placées de telle sorte qu'elles se présenteront par la base et non par la tête, quand on ouvrira la boîte (fig. 29). Dans le magasin, les boîtes reposeront sur la fermeture à clef. Flacons et boîtes sont remplis avec un jus de la composition suivante :

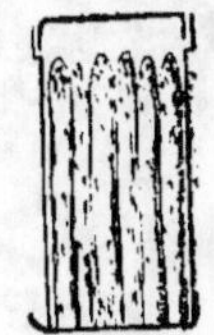

Fig. 29.
BOITES
D'ASPERGES.

```
Eau. . . . . . . . . . . . . . . . . . . . . . .   100 litres
Sel . . . . . . . . . . . . . . . . . . . . . . .   2 kilogrammes
```

Quelques fabricants ajoutent 0 kg. 200 d'acide citrique qui blanchit les asperges comme tout autre légume et dont la réaction facilite la stérilisation. Enfin si les asperges sont trop fragiles, on les raffermit en ajoutant au jus 20 grammes d'alun.

La stérilisation nécessite les durées suivantes :

A 110-112 degrés, 35 minutes pour les boîtes de 2 kilogrammes.
—   30 minutes pour les boîtes de 1 kilogramme.
A 100 degrés, 1 heure et demie pour les boîtes et flacons de 2 kilogrammes.
—   1 heure pour les boîtes et flacons de 1 kilogramme.

10. Petits pois au naturel. — On s'adresse aux variétés hâtives, comme *Express*, qui a l'avantage de rester vert, et *Caractacus* ; on les cueille avant leur complet développement et on les écosse aussitôt.

La ménagère pourra mettre immédiatement les petits pois en flacons et stériliser au bain-marie pendant deux heures.

L'industrie opère de la manière suivante :

Les pois sont écossés à la machine et triés au moyen de cribles diviseurs. Les *extra-fins* passent à travers les tamis numéros 23 et 24, les *fins* à travers le tamis numéro 25, les *mi-fins* à travers les numéros 26 et 27, les *moyeus* à travers les numéros 28 et 29, les *gros* sont hors crible.

Le *blanchiment* dure de 15 à 20 minutes suivant la grosseur et l'état de maturité. Cette opération enlève les principes solubles du légume; après deux ou trois blanchiments avec la même eau, celle-ci mousse comme le lait.

Le *rafraîchissage* est obtenu au moyen d'un courant ascendant d'eau froide qui élimine les impuretés.

Les petits pois refroidis et égouttés sont *mis en boîtes* ou en flacons et jutés avec la composition suivante :

```
Eau. . . . . . . . . . . . . . . . . . . . . . . . . . .  100 litres
Sel . . . . . . . . . . . . . . . . . . . . . . . . . . .  2 kilogrammes
Sucre. . . . . . . . . . . .· . . . . . . . . . . . . . .  2 kilogrammes
```

L'on ajoute un peu du bouillon suivant, filtré sur un feutre :

```
Eau. . . . . . . . . . . . . . . . . . . . . . . . . . .  100 litres
Oignons blancs. . . . . . . . . . . . . . . . . . . . .  0 kilog. 500
Laitue . . . . . . . . . . . . . . . . . . . . . . . . .  0 kilog. 500
Thym et sarriette. . . . . . . . . . . . . . . . . . . .  Un bouquet
```

Si les pois sont un peu gros et farineux, on ajoute à la composition du jus précédent : 20 grammes de carbonate de soude. Cette addition empêche que 'le liquide de la boîte ne devienne d'un blanc laiteux par la stérilisation.

La stérilisation nécessite les durées suivantes :

```
112 degrés : 30 minutes avec les boîtes de 4 litres.
    —        20 minutes          —       2   —
    —        15 minutes          —       1   —
    —        12 minutes          —      0,50 —
100 degrés :  1 heure et demie   —       4   —
    —         1 heure et demie avec boîtes et flacons de 2 litres.
    —         1 heure pour boîtes et flacons de 1 litre.
    —         1 heure            —         0 litre 5.
```

Petits pois reverdis. — L'industriel reverdit les petits pois en ajoutant 50 grammes de *sulfate de cuivre* pour 100 litres d'eau dans le blanchiment.

11. Petits pois à l'étuvée. — Les pois sont mis en boîtes ouvertes sans être blanchis, on jette dessus une pincée de sucre et de sel, un petit bouquet de thym et de sarriette. Les boîtes sont rangées sur des plateaux et recouvertes d'une plaque métallique; la cuisson s'opère dans la vapeur à l'autoclave, elle demande 15 minutes à 106 degrés. On sort les boîtes, on enlève le bouquet, on jute, soude et stérilise comme précédemment.

Les petits pois à l'étuvée sont de qualité supérieure aux petits pois au naturel.

12. Petits pois au beurre[1]. — « Les pois étant écossés et classés par grosseur, on prendra de préférence les plus fins. On met dans une casserole de 5o à 6o grammes de beurre (la formule est donnée pour un litre de pois écossés) le beurre doit être excellent, sans goût fort, celui-ci s'accentuerait dans la boîte.

« Sur le beurre, on verse les pois, on ajoute trois ou quatre petits oignons, une gousse d'ail, une laitue dont on a enlevé les feuilles vertes, quelques feuilles de persil, 2o grammes de sucre et 1o grammes de sel.

« On place la casserole sur un feu modéré de façon à cuire graduellement. Le beurre fond, les petits pois rendent leur eau de constitution ; on couvre la casserole avec soin, de façon à ce que l'évaporation ne soit pas trop rapide. On a le soin de faire sauter les pois à deux ou trois reprises pendant le premier quart d'heure. Se garder de les remuer avec une cuiller pour ne pas les mettre en bouillie. Puis on laisse cuire jusqu'à ce que les pois s'écrasent sous la pression du doigt ; à ce moment, la sauce doit être réduite à peu près au quart. Il ne faudrait pas que les pois soient trop secs.

« On retire du feu, on enlève oignons, ail, laitue, persil et l'on verse dans les boîtes en ayant soin de répartir également la sauce entre les différentes boîtes.

« Celles-ci sont soudées ; on s'assure de leur étanchéité absolue et on les stérilise en les faisant bouillir dans l'eau, celle d'un demi-litre pendant une heure, celles d'un litre pendant une heure et demie. Il faut avoir soin de charger les boîtes pendant la cuisson, afin qu'elles ne surnagent pas et qu'elles soient toujours bien immergées, même au plus fort de l'ébullition.

« Lorsqu'on veut se servir des petits pois, on fait bouillir dans l'eau pendant 2o à 3o minutes, sans ouvrir la boîte. On ouvre, on verse les pois dans une casserole et l'on fait une liaison. »

13. Flageolets. — Les haricots écossés sont triés en *fins* et *moyens*, puis blanchis jusqu'à ce qu'ils s'écrasent sous le doigt.

---

1. TRITSCHLER, *Almanach des Jardiniers au* xxe *siècle*. M. Tritschler fait remarquer que l'emploi des boîtes est possible dans les ménages. On peut se les procurer chez tous les ferblantiers qui les vendent de o fr. 15 à o fr. 25 compris le soudage.

Il faut environ 20 minutes de cuisson. On les rafraîchit et on les met en boîtes qu'on ne remplit qu'aux trois quarts à cause du gonflement à l'autoclave. On jute avec un jus de même composition que pour les petits pois, sauf le sucre.

La durée de la *stérilisation* est la suivante :

```
112 degrés : 30 minutes avec les boîtes de 1 litre.
              25    —                —        1/2 —
              15    —                —        1/4 —
100 degrés :  1 heure et demie avec boîtes et flacons de 1 litre.
              1 heure            avec boîtes et flacons de 1/2 litre.
```

La ménagère pourra aussi mettre les flageolets *non blanchis* en flacons comme les petits pois et stériliser de la même manière.

14. Haricots verts. — Les conserves de haricots verts peuvent se faire pendant toute la bonne saison. L'industriel les fait quand les légumes sont à bas prix.

Les haricots effilés sont classés en *extra-fins, fins* et *moyens.* Les *gros* sont consommés immédiatement, salés ou desséchés.

Le *blanchiment* demande deux à quatre minutes. On reconnaît que l'opération est suffisante quand le haricot fait la boucle sans se casser.

Les haricots sont *mis en boîtes* ou en flacons et disposés de manière à ne pas laisser de vides. Les boîtes destinées à la vente doivent avoir un bel aspect lorsqu'on les ouvre.

Pour remplir ces boîtes, on se sert d'un moule à fond mobile (fig. 30) et l'on aligne à la surface les plus beaux échantillons. Les haricots sont jutés avec un jus de même composition que pour les flageolets. La durée de la stérilisation est la même que pour les petits pois.

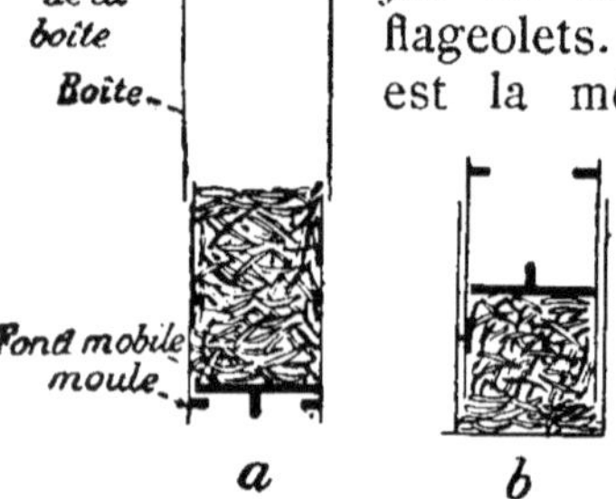
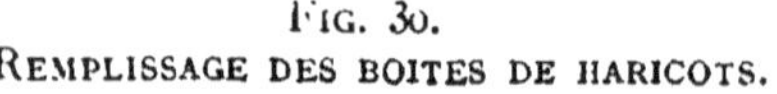

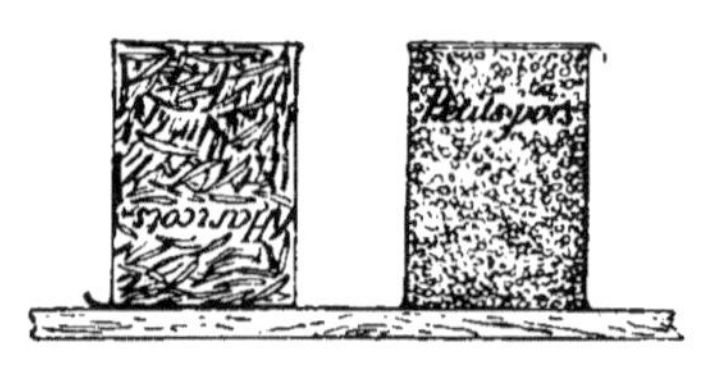

FIG. 30.
REMPLISSAGE DES BOITES DE HARICOTS.

FIG. 31.
CONSERVATION EN MAGASIN.

Remarque. — Les boîtes de haricots verts sont conservées en magasin sur l'ouverture à clef pour que les haricots qui parent la surface de la boîte soient baignés dans le jus et gardent leur belle apparence. Les boîtes de petits pois sont conservées dans la position contraire, afin que le dépôt qui se forme n'apparaisse pas à l'ouverture de la boîte (fig. 31).

Haricots reverdis. — Le reverdissage s'obtient en ajoutant 20 grammes de sulfate de cuivre dans le blanchiment pour 100 litres d'eau.

15. Tomates en purée.

— On choisit de beaux fruits mûrs et bien rouges, on les lave, les casse en plusieurs morceaux et les cuit à feu doux, en remuant constamment. La purée obtenue est tamisée, puis cuite pendant 40 minutes, avec oignons, persil, sarriette, clous de girofle, thym, enfermés dans un petit sac de toile. On sale à raison de 1 kilogramme de sel pour 60 litres de jus. La purée est mise en boîtes ou en flacons. La stérilisation est facilitée par la réaction acide du fruit. Il n'y a d'ailleurs pas d'inconvénient à la faire {durer longtemps.

La *stérilisation* nécessite les durées suivantes :

```
112 degrés :  1 heure et demie avec les boîtes de 5 litres.
              1   —   et quart          —          4   —
              1   —                     —          2   —
             50 minutes                 —          1 litre.
             30   —                     —          1/2 —
100 degrés :  1 heure avec boîtes et flacons de 1 litre.
             45 minutes     —            —         1/2 —
             30   —         —            —         1/4 —
             30   —         —            —         1/8 —
```

Tomates entières. — On choisit de beaux fruits pas trop mûrs; on les lave soigneusement et on les pique en quatre ou cinq endroits. On les met en flacons avec un jus de même composition que pour les haricots verts et on ajoute quelques clous de girofle.

La stérilisation au bain-marie à 100 degrés demande 1 heure et demie pour les flacons d'un litre.

16. Fonds d'artichauts.

— Après avoir enlevé les bractées extérieures, on met les artichauts dans l'eau froide. On les cuit jusqu'à ce que les bractées se détachent facilement. On refroidit, sépare les fonds, auxquels on donne une forme régulière. On les blanchit 8 à 10 minutes dans l'eau bouillante aiguisée d'acide citrique. On met en boîtes ou en flacons.

La stérilisation demande 12 minutes à 112 degrés pour les boîtes d'un litre, 10 minutes pour 1/2 et 8 minutes pour 1/4 ou une heure à 100 degrés pour les boîtes et les flacons.

17. Juliennes ou macédoines de légumes.

— On découpe en tranches minces, à l'aide d'appareils spéciaux : (Voir séchage des légumes) carottes, navets, pommes de terre. Le blanchiment demande cinq minutes.

Les légumes versés dans une passoire sont raffermis dans l'eau froide fréquemment renouvelée.

On blanchit séparément des haricots verts coupés en menus morceaux, des flageolets et des petits pois. On remplit les boîtes et les flacons avec les légumes mélangés ou séparés en couches distinctes, on jute avec un jus de même composition que pour les haricots verts, et stérilise dans les mêmes conditions que les haricots verts.

18. Champignons. — On met en conserve le champignon rose des prés[1] et le cèpe[2]. Pour leur garder leur couleur, on les traite de la manière suivante : On les trempe pendant 30 minutes dans une dissolution de bisulfite de soude dans l'eau (à 3 grammes par litre), puis on les blanchit durant une demi-heure dans l'eau aiguisée d'acide citrique à raison de 2 grammes par litre.

Les usines de conserves font le blanchiment dans l'eau acidulée par une faible quantité de la composition suivante : — 12 litres d'acide chlorhydrique, 1 kg 500 de sel d'étain, 8 litres d'eau. (Le sel d'étain comme le gaz sulfureux possède des propriétés décolorantes énergiques).

Les champignons sont lavés abondamment, mis en boîtes ou en flacons et jutés avec la composition suivante : eau, 2 litres; acide citrique, 3 grammes; sel, 30 grammes.

La *stérilisation* demande les durées suivantes :

```
112 degrés :  25 minutes avec les boîtes de 1 litre.
              15     —                    —      1/2 —
              10     —                    —      1/4 —
100 degrés :   1 heure et demie avec boîtes et flacons de 1 litre.
               1 heure               —            —      de 1/2 et 1/4 litre.
```

---

1. *Psalliota praticola*, champignon rose des prés.
2. *Boletus edulis*, bolet, cèpe.

CHAPITRE IV

CONSERVES DE FRUITS
DANS LES MÉNAGES ET DANS L'INDUSTRIE
PAR LA MÉTHODE APPERT

Définition. — On conserve par la méthode Appert :

1° Les fruits entiers ou coupés, ou *fruits au naturel ;*
2° Les mêmes fruits additionnés de sirop de sucre, ou *fruits au sirop ;*
3° Les fruits réduits en pulpe, ou *pulpe de fruits ;*
4° Les *sucs ;*
5° Les *sirops de fruits.*

La stérilisation des fruits par la chaleur s'obtient à température plus basse que celle des légumes et de la viande, car ils contiennent des acides qui jouent un rôle antiseptique. D'ailleurs les températures élevées désagrègent les fruits.

19. Fruits au naturel et au sirop. — *Prunes au naturel.* — On conserve ainsi les *Reine Claude* et les *Mirabelle*. On choisit de beaux fruits mûrs, mais encore fermes, et on les prépare aussitôt après la cueillette. Ils sont essuyés avec un linge fin, piqués jusqu'au noyau avec une aiguille d'acier et jetés dans l'eau froide pour qu'ils raffermissent. On procède ensuite au blanchiment qui leur ôte de leur âcreté. Il convient pour cela de jeter les fruits dans une bassine contenant de l'eau de 95° à 100°, afin de les saisir sans provoquer l'éclatement. La bassine est retirée du feu, et, après 10 minutes, on chauffe à feu doux: on pêche les fruits à mesure qu'ils remontent à la surface, et on les jette dans l'eau froide fréquemment renouvelée.

Dans le ménage, les fruits raffermis et égouttés sont mis en flacons que l'on stérilise au bain-marie à la température de 95° à 100° pendant 10 minutes.

Dans l'industrie, on stérilise à l'aide d'armoires chauffées à la vapeur (fig. 32 et 33).

Prunes au sirop. — Les prunes préparées comme précédemment sont serrées dans les flacons que l'on remplit de sirop froid jusqu'à 2 centimètres du bord. La ménagère emploiera

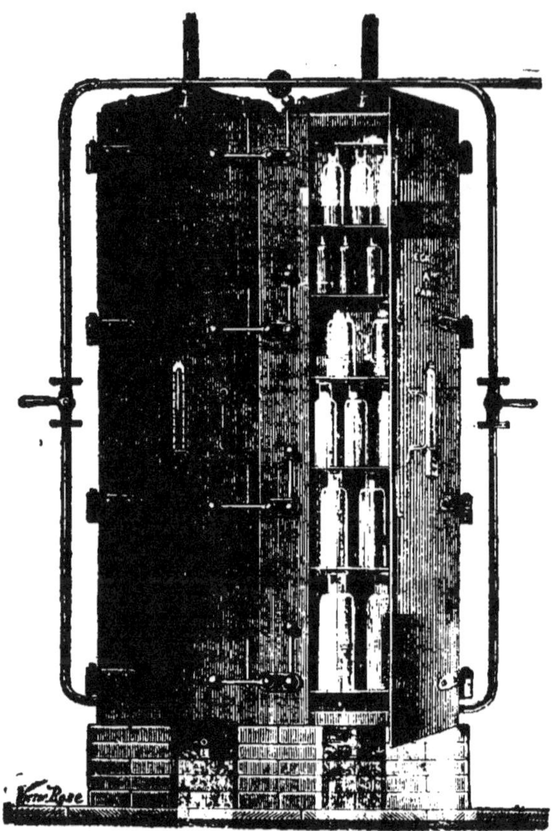

FIG. 32. — ARMOIRE A CONSERVES 200 LITRES.

Lés flacons sont placés sur les tablettes de l'armoire. La porte est fermée et la vapeur est introduite graduellement et uniformément dans l'appareil. On evite le picelage des bouchons par une disposition spéciale de l'appareil qui permet de serrer chaque tablette sur les flacons de l'étage immédiatement inférieur.

de préférence au sirop simple de sucre un sirop fait avec le suc des fruits inférieurs. (Voir *Sirops*, page 31.)

L'Industrie utilise du sirop simple de sucre marquant 26° Baumé. En outre elle reverdit les prunes à l'aide de sulfate de cuivre. Nous avons déjà condamné cette pratique.

On stérilise les prunes au sirop dans les mêmes conditions que les prunes au naturel.

Abricots au naturel. — On conserve les abricots de plein vent, on les brosse et à l'aide d'une aiguille introduite à la place du pédoncule on détache le noyau de la chair; puis les fruits sont

Fig. 33. — ARMOIRE A CONSERVES DE 50 LITRES, INSTALLÉE AVEC BOUILLEUR ET FOURNEAU EN TOLE.

Elle convient aux petites exploitations ne possédant pas de chaudière à vapeur. Le bouilleur se compose d'une petite chaudière cylindrique timbrée par le service des mines, placée dans un fourneau en maçonnerie ou en tôle et munie des appareils de sûreté réglementaires : soupape, niveau, robinet de vidange, robinet entonnoir pour l'emplissage. Il produit de la vapeur à basse pression.

blanchis comme les prunes, et mis en flacons dans lesquels on ajoute quelques amandes pour aromatiser.

On stérilise au bain-marie à la température de 95 à 100 degrés pendant 10 minutes.

On conserve de la même manière les abricots coupés en deux, et dénoyautés : *oreillons d'abricots.*

Abricots au sirop. — Les abricots préparés comme précédemment sont mis en flacons que l'on remplit de sirop froid jusqu'à 2 centimètres du bord. Stériliser pendant 10 minutes au bain-marie à la température de 95 à 100 degrés.

Cerises au naturel. — *Procédé ménager.* — La ménagère remplit les flacons avec de belles cerises entières et stérilise au bain-marie pendant 20 minutes.

Procédé industriel. — Les cerises, comme tous les fruits, perdent par le blanchiment et la stérilisation leur couleur vive naturelle. Le commerce demande des cerises rouges. Pour le satisfaire, l'industrie fait usage des bisulfites alcalins. On sait que le gaz sulfureux obtenu par la combustion du soufre ou libéré des bisulfites par l'action des acides jouit de la propriété de se combiner aux matières colorantes végétales en donnant un composé incolore. Mais si le gaz sulfureux disparait par évaporation ou s'oxyde en se transformant en acide sulfurique, la couleur primitive réapparait, avivée même dans le second cas par l'action de l'acide. Le gaz sulfureux est en outre un anti-ferment. Ses propriétés sont mises à profit dans la vinification. A faible dose il n'est pas nuisible à la santé.

Les cerises dénoyautées sont mises en flacons avec une solution très étendue de bisulfite de potasse (o gr. 5 par litre).

Après la stérilisation elles sont décolorées. Exposées ensuite au contact de l'air, elles reprennent leur belle couleur rouge.

Cerises au sirop. — On prend de belles cerises, on laiss 1 centimètre de la queue et on embouteille avec un sirop de cerises. Stériliser pendant 20 minutes au bain-marie.

L'industrie emploie du sirop de sucre et le colore artificiellement à l'aide du carmin de la cochenille ou de l'orseille.

Fraises au sirop. — On choisit de belles fraises des « quatre saisons », et on les *blanchit légèrement*. Si l'on ne prend pas cette précaution, les fraises flottent sur le sirop après stérilisation. On embouteille avec un sirop de sucre froid, ou mieux, avec un sirop de fraises, et on chauffe à 100 degrés pendant 3 à 5 minutes.

Pulpes de fruits. — Les fruits dénoyautés sont cuits lentement avec un peu d'eau. La pulpe est mise en boîtes ou en flacons, que l'on stérilise par 3o minutes d'exposition au bain-marie. Une ébullition prolongée n'est pas nuisible, car dans ce cas, il n'y a pas à redouter la désagrégation des fruits.

20. Sucs de fruits. — Les sucs ou jus de fruits entrent dans la préparation des sirops. On peut ne pas les utiliser immédiatement. On les conserve alors par la méthode Appert.

La préparation des sucs comporte les opérations suivantes : 1° *Extraction du suc*; 2° *Clarification*; 3° *Filtration*.

1° ***Extraction du suc.*** — On procède comme pour la préparation d'un moût de raisins ou d'un moût de pommes. Les cerises, les groseilles, les framboises, etc., sont écrasées à la main ou au pilon; les coings, les pommes, sont réduits en pulpe à l'aide d'une râpe à sucre. On soumet le marc à l'action d'une petite presse ou à la torsion d'un nouet de toile.

2° ***Clarification.*** — Le jus est boueux, il renferme des mucilages et des matières albuminoïdes, qui rendent la filtration difficile. Il faut le déféquer.

Plusieurs méthodes peuvent être employées :

1° Le codex pharmaceutique recommande dans la plupart des cas, d'abandonner le moût à une légère fermentation dans un endroit frais à la température de 15° à 20°. Il se fait un véritable collage sous l'influence des matières albuminoïdes, des acides et de l'alcool, et la filtration est possible.

2° Si la fermentation est trop active, la saveur et les propriétés du suc sont modifiées, il est transformé en un véritable vin de fruits. On peut déféquer le moût par les procédés employés dans la vinification en blanc. On utilise le gaz sulfureux qui suspend la fermentation pendant vingt-quatre heures, et permet la clarification. Il suffit de brûler o gr. o2 de soufre par litre, ou d'incorporer au moût o gr. 1 de bisulfite de potasse par litre.

On peut encore coller le suc par une addition de o gr. o5 à o gr. o8 de tanin (à l'eau ou à l'alcool) par litre de jus ou de caséine du lait qui se précipite presque immédiatement sous l'influence des acides.

3° *Filtration.* — La filtration se fait sur une chausse ou sur le papier. On verse d'abord la partie claire, puis le dépôt qui s'égoutte.

Suc de cerises (Codex).

Cerises rouges acides.	1000 grammes.
Merises.	100 —

Suc de framboises (Codex).

Framboises.	1000 grammes.
Cerises rouges acides.	250 —

Suc de groseilles (Codex).

Groseilles rouges.	1000 grammes.
Cerises rouges acides.	400 —
Merises.	50 —

Suc de groseille framboisé.

On ajoute à la composition précédente un dixième de framboises.

On utilise de même les sucs de coings, grenades, mûres, merises, airelles.

21. Sirops. — Donnons, d'après le codex, la définition et la préparation des sirops.

Définition. — Les sirops sont des solutions de sucre dans des liquides variés : Eaux distillées, sucs de plantes, infusion, etc. Ils ont une consistance visqueuse, qu'ils doivent à une forte proportion de sucre. Celui-ci forme environ les deux tiers de leur poids ; il leur donne une densité voisine de 1,32 à la température de + 15° et de 1,26 quand ils sont bouillants.

Préparation. — Tous les sirops n'ont pas exactement la même densité ; on diminue la proportion de sucre pour ceux qui sont préparés avec des liqueurs vineuses ou des sucs acides.

Sirop de sucre ou sirop simple (Codex).

Sucre blanc.	1700 grammes.
Eau distillée.	1000 gr. ou 1 litre.

Cassez le sucre en morceaux, mettez-le dans une bassine avec la quantité d'eau prescrite, puis chauffez jusqu'à l'ébullition et passez au premier bouillon, ou filtrez. Le sirop de sucre à froid est fait dans les proportions suivantes :

Sucre très blanc. . . . . 1800 grammes.
Eau distillée. . . . . 2000 —

Faites dissoudre à froid et filtrez.

Sirop de groseilles (Codex).

Suc de groseilles filtré. . . . . 1000 grammes.
Sucre blanc. . . . . Quantité suffisante.

Prenez la densité du suc au moyen d'un densimètre, puis calculez la quantité de sucre nécessaire pour préparer le sirop d'après les indications suivantes.

Densité du suc à + 15°.	Poids du sucre qu'il faut ajouter à 1000 gr. de suc.
1,007.	1746 grammes.
1,014.	1691 —
1,022.	1638 —
1,029.	1584 —
1,036.	1530 —
1,044.	1486 —
1,052.	1422 —
2,060.	1368 —
2,067.	1314 —
2,075.	1260 —

Faites, avec la quantité de sucre ainsi calculée et le suc, dans une bassine en argent ou en cuivre non étamé, un sirop que vous passerez aussitôt qu'il commencera à bouillir. Ce sirop refroidi doit marquer 1,33 au densimètre.

Préparez de la même manière les sirops de : *Cerises, coings, framboises, grenades, mûres*, etc.

La *clarification des sirops* s'opère, lorsqu'il est nécessaire, soit au moyen de blancs d'œuf, soit avec de la pâte à papier. Dans le premier cas on délaye le blanc d'œuf dans une petite quantité d'eau; on l'ajoute au sirop qu'on porte à l'ébullition; on écume pour séparer l'albumine coagulée.

Dans le second cas, on met à détremper dans l'eau du papier sans colle, on le bat pour le bien diviser; puis après avoir fait égoutter la pâte on la délaie dans le sirop cuit et bouillant: on verse le tout sur une étoffe de laine, et l'on passe le sirop une seconde fois à travers la même étoffe. (Codex.)

Densité des solutions de sucre.

SUCRE EN POIDS.	EAU EN POIDS.	DENSITÉ	SUCRE EN POIDS.	EAU EN POIDS.	DENSITÉ.
0	100	1,0000	36	64	1,1582
1	99	1,0035	37	63	1,1631
2	98	1,0070	38	62	1,1681
3	97	1,0106	39	61	1,1731
4	96	1,0143	40	60	1,1781
5	95	1,0176	41	59	1,1832
6	94	1,0215	42	58	1,1883
7	93	1,0254	43	57	1,1935
8	92	1,0291	44	56	1,1989
9	91	1,0328	45	55	1,2043
10	90	1,0367	46	54	1,2098
11	89	1,0410	47	53	1,2153
12	88	1,0456	48	52	1,2200
13	87	1,0504	49	51	1,2265
14	86	1,0552	50	50	1,2322
15	85	1,0600	51	49	1,2378
16	84	1,0646	52	48	1,2434
17	83	1,0698	53	47	1,2490
18	82	1,0734	54	46	1,2546
19	81	1,0784	55	45	1,2602
20	80	1,0830	56	44	1,2658
21	79	1,0875	57	43	1,2714
22	78	1,0920	58	42	1,2770
23	77	1,0965	59	41	1,2826
24	76	1,1010	60	40	1,2882
25	75	1,1056	61	39	1,2933
26	74	1,1108	62	38	1,2994
27	73	1,1150	63	37	1,3050
28	72	1,1197	64	36	1,3105
29	71	1,1245	65	35	1,3160
30	70	1,1293	66	34	1,3215
31	69	1,1340	67	33	1,3270
32	68	1,1388	68	32	1,3324
33	67	1,1436	69	31	1,3377
34	66	1,1484	70	30	1,3430
35	65	1,1538			

Les sirops dans l'économie domestique et dans l'industrie. —
Sirop simple. — Il est employé dans l'industrie pour conserver .
les fruits : *Fruits au sirop.* On lui donne une densité plus
faible que celle du sirop du Codex. Il marque dans la plupart
des cas 26° Baumé. Le tableau précédent donne la composition
du sirop d'après sa densité.

Correspondance des degrés Baumé avec la densité.

DEGRÉS BAUMÉ.	DENSITÉ.	DEGRÉS BAUMÉ.	DENSITÉ.	DEGRÉS BAUMÉ.	DENSITÉ.
0	1,0000	14	1,1014	28	1,2258
1	1,0066	15	1,1095	29	1,2358
2	1,0133	16	1,1176	30	1,2459
3	1,0201	17	1,1259	31	1,2561
4	1,0270	18	1,1343	32	1,2667
5	1,0340	19	1,1428	33	1,2773
6	1,0411	20	1,1515	34	1.2882
7	1,0483	21	1,1603	35	1,2992
8	1,0556	22	1,1692	36	1,3103
9	1,0630	23	1 1783	37	1,3217
10	1,0704	24	1,1875	38	1,3333
11	1,0780	25	1,1968	39	1.3451
12	1,0837	26	1,2063	40	1,3571
13	1.0935	27	1,2160		

Sirops de fruits. — Additionnés d'eau, les sirops de fruits
constituent pendant l'été une boisson aigrelette, saine et
agréable. En outre, nous avons dit que la ménagère devait
conserver les *fruits au sirop* dans un sirop de fruits. Elle
pourra préparer ses sirops suivant les prescriptions du Codex.

Toutefois, l'emploi du densimètre pour déterminer la quantité
de sucre à ajouter au jus n'est pas obligatoire; la ménagère
n'est pas tenue de fabriquer un sirop de densité déterminée.
Elle ajoutera une quantité de sucre plus ou moins grande de
manière à obtenir un sirop plus ou moins sucré. Un sirop concentré se conservera toujours sans altération; un sirop de
faible densité devra être stérilisé et utilisé promptement,
quand le flacon aura été ouvert.

D'une manière générale les proportions suivantes pourront

être adoptées : 5oo grammes de jus et 8oo grammes de sucre. Le sirop sera fait dans une bassine en cuivre non étamé. On donne quatre ou cinq bouillons; on passe sur une flanelle, ou bien on clarifie s'il est besoin. Le sirop refroidi est versé dans des bouteilles très propres que l'on bouche et que l'on conserve dans un endroit frais.

Si l'on désire faire un sirop avec des fruits pauvres en jus : prunes, abricots, on écrasera ces fruits avec un peu d'eau pour faciliter l'extraction du sucre.

Emploi du glucose dans la fabrication des sirops. — Les liquoristes fabriquent souvent les sirops avec du glucose au lieu de sucre de canne. La loi tolère cette substitution à la condition que l'étiquette porte l'inscription suivante : « Liqueur de fantaisie ». Le glucose employé (glucose cristal) renferme une notable proportion de dextrine. Le sirop obtenu est très onctueux, mais il n'est pas si fin que le sirop pur sucre. Le glucose ou sucre de raisin est alimentaire. La plupart des fruits lui doivent leur saveur sucrée.

Les sirops de fruits au glucose se préparent de la même façon que les sirops pur sucre. D'après le Codex, si l'on emploie du sirop de glucose à 36° Baumé la proportion nécessaire sera le tiers du poids du sucre blanc employé pour les sirops fins.

Sirops artificiels. — Beaucoup de fabricants emploient des sucs de fruits artificiels préparés de toutes pièces avec des produits chimiques que l'on ne peut considérer comme sains.

Voici d'après M. de Brevans[1] quelques-unes de ces préparations. Nous ne les mentionnons que pour engager les ménagères à s'en défier et à préparer elles-mêmes leurs sirops.

ESSENCE DE CERISES.

Ether benzoïque.	5	parties.
Ether acétique.	5	—
Glycérine.	3	—
Ether œnanthique et acide benzoïque.	1	—

ESSENCE DE GROSEILLES.

Ether acétique.	5	parties.
Acide tartrique.	4	—
Acide benzoïque.	1	—
Acide succinique	1	—
Ether benzoïque.	1	—
Aldéhyde et acide œnanthique.	1	—

Conservation des sucs et des sirops. — Les sirops concentrés se conservent aisément en lieu frais. Les sucs fermentent comme le moût de raisins ou le moût de pommes.

On conserve sucs et sirops en les stérilisant par la méthode Appert au bain-marie ou à l'étuve chauffée par la vapeur à 100 degrés pendant 10 minutes (fig. 32).

---

1. J. DE BRÉVANS, *Les conserves alimentaires.*

CHAPITRE V

CONSERVATION DE LA VIANDE ET DU POISSON PAR LA MÉTHODE APPERT

22. Bœuf bouilli. — On conserve par la méthode Appert le bœuf bouilli en boîtes pour l'alimentation du soldat en campagne. Cette fabrication est tout à fait industrielle. Elle consiste essentiellement à désosser et à dégraisser la viande, à la découper en morceaux de 500 grammes environ qui sont cuits dans l'eau ou dans la vapeur. Le bouillon obtenu par la cuisson est évaporé dans des appareils à vide. La concentration doit réduire le bouillon à un volume nécessaire et suffisant pour remplir complètement les boîtes. Celles-ci contiennent 800 grammes de viande et 200 grammes de bouillon. Elles sont stérilisées à l'autoclave à 116° pendant 1 heure.

La fabrication de conserves de bœuf bouilli occupe en général les usines pendant l'hiver. Pour que cette spéculation soit rémunératrice, il faut pouvoir se procurer le bétail à bon compte et utiliser les sous-produits de la meilleure manière[1].

23. Poisson. — La conservation du poisson et de quelques crustacés par la méthode Appert est l'objet d'une industrie très importante au bord de la mer. On fabrique principalement *les Sardines à l'huile*, le *maquereau à l'huile*, le *thon à l'huile*, le *homard*.

En Amérique, on conserve, en boîtes, les *Saumons* des grands Lacs.

Les *Sardines* et les *Maquereaux* sont d'abord vidés, nettoyés, salés puis séchés entièrement pour qu'il ne reste aucune trace d'eau dans les boîtes ; on utilise dans ce but des évaporateurs perfectionnés (fig. 85). Le poisson séché est ensuite frit dans l'huile d'olive ou cuit dans la vapeur ; on le met en boîtes que l'on garnit d'huile d'olive, soude et stérilise à l'autoclave.

Le *thon* est découpé en morceaux de la forme des boîtes, cuit dans la vapeur ou dans l'eau salée et aromatisée ; on enlève alors la peau, les veines apparentes et les arêtes ; on dessèche parfaitement et on met en boîtes avec de l'huile d'olives. On soude et stérilise.

Le *homard* cuit dans l'eau bouillante est égoutté, puis dépecé. La chair est mise en boîtes que l'on stérilise à l'autoclave.

---

1. L'usine de Moulins, où nous avons pris beaucoup de renseignements, fait des conserves de légumes et de fruits pendant la bonne saison et les conserves de viande pendant l'hiver. Le bœuf donne comme produit principal *le bœuf bouilli* pour l'armée. On utilise les déchets à la confection des conserves suivantes : *pâtés de foie truffé*, ou *non truffé, gâteaux de bœuf* faits avec le foie et la viande non utilisable pour l'armée, *langues de bœuf, tripes à la mode de Caen*. La graisse des muscles constitue une graisse alimentaire qui est mise en barils ou en seaux. On vend enfin la peau non préparée et le suif en branche.

Avec le *porc* on fait le *lard salé* pour l'armée et les conserves suivantes : *pâtés de foie, porc confit* et *porc rôti, filet de porc*. Les autres parties de l'animal sont vendues sur place.

Enfin l'usine fabrique le *poulet à la gelée*, le *perdreau à la gelée*, le *perdreau aux choux*, le *perdreau rôti farci truffé*, le *faisan à la gelée*, le *faisan rôti, farci et truffé*, le *civet de lièvre*, le *pâté de lièvre*, etc.

CHAPITRE VI

CONSERVATION DU LAIT PAR LA MÉTHODE APPERT

24. Les microbes du lait[1]. — Le lait d'une vache saine ne renferme pas de microbes; mais les manipulations en introduisent toujours, et d'autant plus qu'on prend moins de soins. Le lait est un excellent milieu de culture pour les microbes qui se multiplient rapidement si les conditions de température sont favorables; aussi le lait est-il un liquide très altérable. La première altération est la *coagulation* : elle est causée par les *ferments lactiques*.

Le lait peut renfermer des espèces *pathogènes*, c'est-à-dire qui engendrent des maladies, comme le *bacille de la tuberculose*, quand la vache est tuberculeuse; l'air et l'eau qui sert au lavage des récipients peuvent apporter d'autres germes dangereux.

25. Stérilisation du lait par la chaleur. — Le chauffage du lait a pour but : 1° *de détruire les microbes pathogènes*; 2° *d'assurer la conservation du lait.*

Conservation temporaire. Pasteurisation. — La pasteurisation consiste à chauffer le lait de 65 à 70 degrés pendant 5 minutes. On détruit ainsi les ferments lactiques. La pasteurisation permet au laitier de conserver le lait d'un jour à l'autre en été, d'en faire l'expédition et la livraison[1].

Conservation définitive. Stérilisation. — On stérilise le lait, par la chaleur, comme on stérilise les autres substances alimentaires.

1° *Stérilisation à 100 degrés*. — Le lait peut renfermer des spores très résistantes qu'une température humide de 100 degrés ne détruit pas même après plusieurs heures.

La stérilisation à 100 degrés sera d'autant mieux assurée qu'on aura pris plus de soins dans la manipulation du lait et qu'il se sera écoulé moins de temps entre la traite et le chauffage.

---

1. Voir *Laiterie* (Encyclopédie agricole pratique).

Le bacille de la tuberculose est sûrement détruit par l'ébullition.

Cuisson du lait. — Dans les ménages on chauffe le lait à feu nu en vases ouverts et on le porte à l'ébullition. On détruit ainsi les bactéries pathogènes et les ferments lactiques et on assure la conservation du lait pendant vingt-quatre heures en été, à condition toutefois de maintenir le lait bouilli en lieu frais.

Remarquons que le lait n'a pas bouilli quand il monte; on doit donner quelques bouillons pour atteindre 100 degrés.

Méthode Appert. — *On chauffe le lait en flacons hermétiquement clos pendant une heure à* 100 *degrés au bain-marie.*

Cette méthode est employée pour stériliser le lait destiné aux nouveau-nés. On utilise généralement des flacons gradués en verre blanc, à ouverture étroite, de diverses contenances, qu'on trouve chez les pharmaciens. On y verse 60, 90, 120 centimètres cubes de lait pur ou étendu avec de l'eau ou une infusion d'orge perlé, suivant l'âge de l'enfant. Le flacon sert en même temps de biberon, en adaptant une tétine spéciale sur le col du flacon. Le contenu du flacon correspond à une tétée.

Ces flacons sont généralement *bouchés au liège* et ficelés. On peut également employer des *capuchons en caoutchouc pur* qui forment *bouchage pneumatique* et sont d'un usage très commode (fig. 34). Ces capuchons laissent échapper l'air et la vapeur d'eau pendant le chauffage. Par le refroidissement la vapeur d'eau se condense dans le flacon. Il en résulte un vide. Le disque qui forme le haut du capuchon s'applique énergiquement sur le goulot. C'est l'indice de l'herméticité de la fermeture. Pour ouvrir le flacon, on pince le caoutchouc.

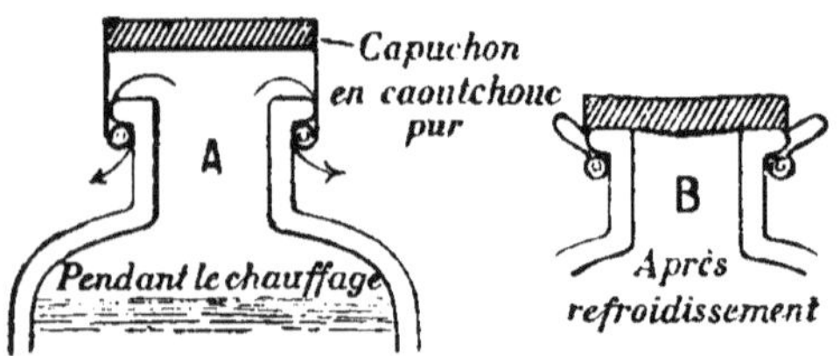

FIG. 34. — STÉRILISATION DU LAIT.

On peut encore utiliser sur des flacons d'étroite ouverture les différents modèles de bouchage pneumatique que nous avons décrits.

Le *bouchage pneumatique* E. Borde[1] est aussi très employé
Il se compose de : 1 *capsule filetée* E, en fer-blanc; 1 *disque à téton* D, en

---

1. Frédéric Fouché, 38, rue des Écluses-Saint-Martin, Paris, et Société du Bouchage pneumatique,, 134, Galerie de Valois, Palais-Royal, Paris.

étain pur ; 1 *rondelle de garde* C, en fer-blanc, qui n'est employée que sur les goulots de grand diamètre ; 1 *anneau* B, en caoutchouc pur (fig. 35 A et B).

On remplit de lait le flacon jusqu'à 2 centimètres de l'ouverture. On pose l'anneau B sur le cordon du goulot A, on applique les pièces C et D et on serre fortement le tout en vissant la capsule E sur le goulot.

On plonge les bouteilles dans le bain-marie contenant de l'eau tiède. Les flacons doivent être recouverts de 2 à 3 centimètres d'eau. On chauffe alors lentement. L'air s'échappe du flacon en globules par l'orifice des tétons.

Quand la température atteint environ 95 degrés, on écrase le téton du disque avec une pince par une simple pression (fig. 35 C). L'opération doit être faite sous l'eau et non dans l'air, sinon il y aurait rentrée d'air et la stérilisation ultérieure serait incertaine dans l'air simplement humide. On porte le bain à l'ébullition, qu'on entretient pendant 1 heure.

Comme dans tous les systèmes à bouchage

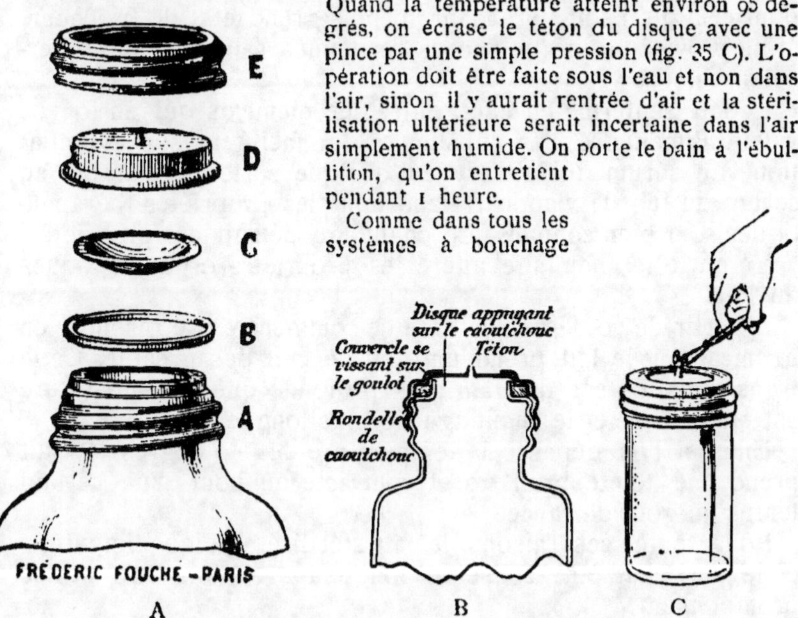

Fig. 35. — Bouchage pneumatique E. Borde.

A, *les différentes pièces du système de bouchage E. Borde* ; B, *coupe d'un flacon, muni du système de bouchage E. Borde. Le goulot de petit diamètre n'a pas la rondelle de garde* ; C, *pinçage du téton pendant la stérilisation.*

pneumatique, le caoutchouc cède suffisamment, quand la fermeture est hermétique, pour laisser échapper les gaz dont la tension augmente quand la température s'élève.

Pendant le refroidissement, la vapeur se condense dans le flacon, le disque se déprime et il reste dans cet état, s'il ne se déclare pas de fermentation. Pour ouvrir le flacon il faut crever le disque qu'il suffit de remplacer pour réutiliser le flacon.

Le Bouchage E. Borde peut être utilisé pour toutes les conserves.

2° *Stérilisation à température supérieure à 100 degrés.* — Le lait est stérilisé en flacons à bouchage pneumatique dans l'autoclave. On porte la température à 107 ou 110 degrés pendant 10 minutes.

Les flacons fermés avec le bouchage E. Borde sont stérilisés de la manière suivante à l'autoclave ; on opère la désoxygénation ou sortie de l'air dans l'autoclave ouvert comme dans le bain-marie, puis on pince les tétons, on met le couvercle de l'autoclave, et quand l'appareil est purgé d'air, on le ferme entièrement et on porte la température à 107 degrés pendant 10 minutes. Puis on retire le feu et quand la température est descendue à 100 degrés on ouvre l'autoclave et enlève les flacons.

Altérations du lait chauffé. — Le lait est un aliment qu'on devrait toujours pouvoir consommer à l'état cru. Il faudrait pour cela qu'il soit livré dans le plus grand état de fraîcheur, et ne provienne que de vaches reconnues saines et non tuberculeuses,

Le lait renferme en effet, outre les éléments qui en font sa valeur alimentaire, des substances qui facilitent son assimilation. Le sérum du lait est en quelque sorte comparable au sérum du jus de viande fraîche dont les propriétés thérapeutiques sont bien connues. Le chauffage détruit ces propriétés.

En outre le chauffage altère les propriétés organoleptiques du lait.

A partir de 70 degrés, la caséine commence à se résoudre en grumeaux et le lait prend un goût de cuit désagréable. Cette transformation est d'autant plus profonde que la température est plus élevée et le chauffage de plus longue durée.

Enfin si l'on dépasse la température de 100 degrés, le lait prend une teinte brunâtre et contracte au bout d'un certain temps un goût de rance.

Pour toutes ces raisons, le lait stérilisé, quoique imputrescible, ne peut être conservé longtemps et doit être utilisé promptement.

Si l'on désire assurer au lait une conservation de longue durée, sans altération de la saveur, il faut le *tyndalliser à 65 degrés* en récipients hermétiquement clos. (Voir tyndallisation.)

Conservation du bouillon. — Le bouillon peut être conservé par la méthode Appert en récipients hermétiquement clos. Le plus souvent, on se contente de le faire bouillir pendant quelques minutes dans un vase couvert; il se conserve ainsi pendant un temps suffisant pour les usages domestiques. On renouvelle l'ébullition toutes les fois qu'on ouvre le récipient.

La *marmite Schribaux* possède un couvercle qui l'emboîte sur la moitié de sa hauteur. Elle est utilisée pour conserver facilement les liquides et les mets qui supportent l'ébullition.

STÉRILISATION PAR LA CHALEUR
(*Suite*)

II. — MÉTHODE DE CONSERVATION EN RÉCIPIENTS NON HERMÉTIQUEMENT CLOS

26. Principe de la méthode. — On stérilise par une cuisson plus ou moins prolongée au contact de l'air certaines préparations de fruits : *gelées, confitures, marmelades, pâtes de fruits et fruits confits*. En même temps on les rend moins altérables en augmentant leur teneur en matière sèche. D'une part elles perdent de l'eau par évaporation, d'autre part on leur ajoute du sucre. On les conserve dans des récipients non hermétiquement clos. `

CHAPITRE VII

FABRICATION DES GELÉES, CONFITURES MARMELADES, DANS LE MÉNAGE

NOTIONS GÉNÉRALES

27. Composition. — Les *gelées* sont composées de jus de fruits et de sucre. Dans les *confitures* et les *marmelades* entre toute la pulpe du fruit avec une proportion de sucre plus ou moins grande.

28. Consistance. — La consistance de ces préparations est due : 1° à la *pectine* ; 2° à *la cuisson du sucre*.

1° *Pectine*. — La pectine est une substance dont la composition chimique est analogue à celle de l'amidon et de la cellulose. Elle existe dans les fruits mûrs. Sous l'influence d'une diastase [1] elle se transforme en une masse de consistance géla-

---

1. Diastase : *ferment soluble* élaboré par les cellules ou *ferments figurés* des animaux et des végétaux vivants. Les diastases produisent *à distance* les mêmes actions que les cellules qui leur ont donné naissance.

tineuse qui provoque le *blettissement*. Elle donne de même sous l'action de la chaleur et des acides une gelée transparente. Cette transformation est semblable à celle de l'amidon en empois et en dextrine.

2° **Cuisson du sucre.** — *Le sirop simple de sucre* se concentre par la cuisson et perd de sa fluidité.

On dit que le sirop fait *la nappe* lorsqu'il s'attache à l'écumoire.

Le sirop est cuit au *petit lissé* lorsqu'une goutte s'étale sur l'ongle et reste plane ; quand on l'étire entre le pouce et l'index, la goutte forme un filet qui se rompt de suite.

Le sirop est cuit au *grand lissé* quand le sirop ne se rompt pas de suite.

Le sirop est *perlé* quand, à l'ébullition, il forme des bulles ressemblant à des perles.

Le sirop au *soufflé* forme des bulles comme les bulles de savon quand on souffle dans les trous de l'écumoire.

Pour reconnaître la cuisson au *petit boulé*, on trempe l'écumoire dans le sirop, on la secoue et, en soufflant dans les trous, on fait sortir des gouttelettes dont on peut former de petites boules entre les doigts mouillés.

Le sucre est cuit au *petit cassé* lorsque, prenant du sirop sur l'écumoire, on peut former avec les doigts mouillés une boulette qui s'écrase sous la dent en y adhérant.

Dans le *grand cassé* la boulette se casse avec un bruit sec sans adhérer à la dent.

Le dernier degré de cuisson du sucre est le *caramel*.

Les sirops de fruits n'acquièrent pas par la cuisson la même consistance que le sirop simple. En effet, les fruits sont toujours plus ou moins acides[1]. Sous l'influence de l'acidité et par l'action de la chaleur une proportion plus ou moins grande du sucre de canne ajouté est inverti. c'est-à-dire transformé en

---

1. Voici d'après M. Saillard, directeur du laboratoire du syndicat des fabricants de sucre, l'acidité par litre de jus, exprimée en anhydride sulfurique :

Jus de framboises.	6 gr. 7
Jus de groseilles.	13 gr. 52
Jus de raisins.	2 gr. 97
Jus de mirabelles.	1 gr. 93
Jus de pêches.	6 gr. 04
Jus de poires duchesse.	0 gr. 98
Jus de poires louise-bonne.	1 gr. 58
Jus de fraises.	8 gr. 15

« Ainsi qu'on peut le voir par ces quelques chiffres, l'acidité des fruits varie d'une espèce à l'autre, et, dans une même espèce, elle est différente suivant les variétés. J'ajoute que, pour une même variété, elle varie suivant la saison, suivant l'état de maturité, suivant le sol, suivant les conditions climatériques de l'année. De sorte qu'il est impossible de fixer, une fois pour toutes, le degré d'acidité d'un fruit quelconque. Qu'il nous suffise donc de savoir que tous les fruits sont acides et que le degré d'acidité est généralement plus élevé pour la groseille, la framboise, le cassis que pour la poire, la mirabelle, etc. » (SAILLARD).

glucose ou sucre de raisin incristallisable[1]. Le sirop acquiert alors de la fluidité et il ne prend de la consistance que par une grande évaporation. Plus les fruits sont acides, plus la durée de cuisson est longue.

Conséquence. — On obtiendra plus facilement la consistance voulue d'une gelée ou d'une confiture en donnant au préalable au sirop simple de sucre la cuisson nécessaire. En outre le produit sera plus fin et de couleur plus vive, car la chaleur et l'oxygène de l'air altèrent les parfums et modifient les couleurs qui deviennent foncées et perdent leur éclat.

29. Observations générales sur la préparation des gelées, des confitures et des marmelades. — *Choix des fruits.* S'il est préférable de n'employer que des fruits sains et bien mûrs, on peut obtenir cependant d'assez bons résultats avec les fruits tombés ou véreux.

Ustensiles. — Il ne faut se servir que d'une bassine en cuivre non étamé présentant une grande surface de chauffe. L'écumoire doit être du même métal (fig. 36, 37, 38).

FIG. 36. — BASSINE EN CUIVRE A FOND PLAT.

Cuisson. — En général, il faut un feu vif et surtout bien soutenu; cela conserve la couleur rouge des fruits. On ne doit pas quitter les confitures tant qu'elles sont sur le feu. On les remue de temps en temps.

Écumage. — Mais on n'enlève l'écume qu'une fois, au moment de mettre en pots; autrement, il se formerait de l'écume surabondante.

---

1. M. Saillard a déterminé la proportion du sucre ajouté qui s'invertit pendant la fabrication des confitures et qui devrait être dégrevé d'impôt comme le sucre non inverti en cas d'exportation. Lorsqu'en effet les confitures sont consommées en France, l'impôt sur le sucre est acquis à l'Etat. Si elles vont à l'étranger l'impôt de consommation est remboursé et une prime d'exportation est accordée, mais seulement sur la quantité de sucre qu'elles contiennent. M. Saillard en chauffant pendant une demi-heure un mélange à poids égaux de sucre et de jus de fruits a trouvé les proportions suivantes de sucre inverti:

Fraises.	38,9 pour 100.	Framboises.	61,7 pour 100
Mirabelles	10,3 —	Poires	3,19 —
Pêches.	40,3 —	Raisins.	9,2 —

Façon de voir si la confiture est cuite. — 1° Une goutte jetée dans un verre d'eau froide ne doit pas se délayer : 2° un peu de confiture jetée dans une assiette froide ne doit pas couler; 3° une goutte placée entre le pouce et l'index doit former un filet quand on écarte les doigts.

Mise en pots. — Aussitôt que la confiture est cuite, et pour éviter la formation du vert-de-gris, il faut la verser dans les pots.

FIG. 37.
ECUMOIRE CUIVRE ROUGE.

FIG. 38.
ECUMOIRE POUR FRUITS.

Les pots en verre doivent être exposés un instant au-dessus de la vapeur et on ne les emplira qu'un peu à la fois, car ils pourraient se casser.

On laisse les pots exposés au contact de l'air pendant quelques jours, dans un endroit sec et aéré. Il se produit à la surface par évaporation une pellicule qui résiste à l'action des ferments. On couvre alors la confiture d'une rondelle de papier trempé dans l'eau-de-vie en ayant soin de ne pas laisser d'air entre le papier et la confiture; puis on ferme aussi hermétiquement que possible à l'aide d'un couvercle spécial ou bien encore à l'aide d'un papier ficelé ou collé au-dessus du vase.

Les pots doivent être conservés en lieu froid et sec[1].

PRÉPARATION DES GELÉES

30. Préparation des gelées. — La *préparation des gelées* comporte : 1° *l'extraction du jus*; 2° *la gélification*.

1° **Extraction du jus.** — Il importe que le suc soit clair pour

---

[1]. Ces observations et les recettes qui suivent sont empruntées aux lauréats des concours de confitures institués par le Syndicat des fabricants de sucre de France, à Laon, août 1904, et à Douai, octobre 1905.

que la gelée soit transparente. Les baies : groseilles, cassis, etc., sont écrasées et pressées ; le jus est trouble, on peut le clarifier par les procédés précédemment indiqués (Voir sucs de fruits), ou bien les fruits sont cuits dans la bassine et on les égoutte sans presser le marc. Le meilleur procédé est de faire simplement crever les fruits sur le feu et de les égoutter sur un tamis.

Les fruits charnus à noyaux ou à pépins : prunes, pommes, coings, etc., sont cuits et égouttés sans pression sur le tamis.

2° **Gélification**. — *Pour obtenir une gelée fine, parfumée, de couleur vive, il faut cuire le moins possible le sirop de fruits.* Le poids de sucre ajouté est en général égal au poids du jus. Plusieurs méthodes sont employées.

1ʳᵉ Méthode. — *Faire un sirop avec le jus et cuire ce sirop.*

Gelée de groseille framboisée. — Egrener les groseilles. Les mettre dans la bassine sur un feu vif pour les faire crever. Remuer et avoir soin de ne pas laisser bouillir. Placer un bol de framboises sur un tamis, verser dessus les groseilles crevées et leur jus. Peser le jus obtenu, y ajouter le même poids de sucre. Remettre dans la bassine nettoyée. Surveiller le premier bouillon, laisser bouillir exactement 3 minutes. Ecumer au moment de mettre en pots.

Gelée de groseilles rouges. — Presser les groseilles dans une étamine, extraire tout le jus. Presser d'autre part des framboises pour avoir la valeur d'un quart du jus des groseilles ; mélanger, faire un sirop de sucre (une livre de sucre pour un demi-litre de jus). Cuire 10 minutes.

Gelée de groseilles blanches. — Mettre les groseilles au feu avec un peu d'eau pour que les fruits s'ouvrent. Les faire égoutter sur un tamis et recueillir le jus. Le peser et le laisser bouillir 20 minutes avec le poids égal de sucre. Mettre dans les pots quelques morceaux d'écorce de citron bouillie.

La gelée de groseilles rouges prend plus vite que la gelée de groseilles blanches.

Les framboises donnent du parfum et de la consistance.

Gelée de pommes fabriquée exclusivement avec les pelures, les pépins et les cloisons (Pomme de reinettes). — Laver et essuyer soigneusement les pommes. Enlever la queue et la mouche.

Peler les fruits et réserver les pelures, les pépins et les cloisons renfermant les pépins (la partie charnue sert à faire de la compote).

Les *pelures* qui renferment la plus grande partie du parfum du fruit, les *pépins* et leurs *cloisons* qui sont ses parties les plus gélatineuses sont noués dans un sachet de mousseline, ce sac couvert d'eau est mis à bouillir avec une gousse de vanille pendant 40 minutes.

On filtre le jus obtenu, on y ajoute un poids équivalent de sucre et on remet au feu. L'ébullition doit durer de 20 à 25 minutes.

Gelée de pommes. — Prendre une certaine quantité de pommes de reinette, les peler et enlever l'intérieur. Les mettre dans une bassine et couvrir d'eau. Laisser cuire jusqu'au moment où les pommes fléchissent sous la pression des doigts.

Retirer et laisser égoutter sur un tamis sans presser. Mesurer le jus. Faire un sirop de sucre : une livre de sucre par demi-litre de jus. Laisser bouillir 20 minutes. Mettre en pots avec quelques morceaux de zeste de citron.

Avec les pommes restant dans le tamis, on peut, en les faisant bouillir quelques minutes avec un peu de sucre, faire une excellente compote.

Gelée de cassis. — Prendre des cassis bien mûrs. Faire crever sur le feu et mettre de l'eau en quantité suffisante pour les baigner. Faire refroidir à la cave pendant 24 heures. Mettre les cassis sur un tamis et les presser légèrement. Faire un sirop de sucre : une livre de sucre pour une demi-livre de jus. Faire cuire 20 à 25 minutes.

Gelée de coings. — Pour faire cette gelée prenez une trentaine de coings. Essuyez-les avec une serviette. Coupez-les en cinq ou six morceaux. Prenez aussi un kilo de pommes « Reinette grise ». Essuyez-les, coupez-les en quatre morceaux. Mettez le tout dans une bassine en cuivre rouge. Ajoutez assez d'eau pour que les fruits y baignent. Faites cuire jusqu'à ce que les fruits soient bien en compote. Passez le tout au tamis et laissez bien égoutter. Prenez un poids de sucre cristallisé égal au poids du jus que vous avez obtenu. Mettez le jus et le sucre dans la bassine et faites cuire pendant trente minutes sur un feu vif en tournant sans cesse.

Quand la gelée est cuite, mettez-y le jus d'une moitié de citron, tournez vivement et mettez en pots.

2° Méthode. — *Faire un sirop de sucre, le cuire à point et y ajouter le jus.*

Gelée de groseilles. — Faites crever des groseilles dans une bassine avec un peu d'eau, puis faites-les égoutter sur un tamis.

Prenez ensuite une livre de sucre par livre de jus et faites un sirop avec un verre d'eau par livre de sucre. Quand le sirop fait la perle, ajoutez-y le jus de groseilles, tournez sans laisser bouillir et mettez en pots.

On peut ajouter quelques framboises aux groseilles.

Gelée de cassis. — Faites crever des cassis avec un peu d'eau, puis mettez-les égoutter sur un tamis. Prenez ensuite une livre de sucre par livre de jus. Faites un sirop avec un verre d'eau par livre de sucre ; quand le sirop fait la perle, ajoutez-y votre jus. Tournez sans laisser bouillir et mettez dans les pots.

3° Méthode. — *Ajouter les fruits dans un sirop de sucre cuit à point et passer sur un tamis.*

Gelée de groseilles. — Peser 700 grammes de groseilles rouges, 200 grammes de groseilles blanches et 100 grammes de framboises.

Faire, d'autre part, un sirop perlé renfermant un poids de sucre égal au poids des fruits ;

Quand le sirop est à point, jeter les fruits dedans et chauffer en remuant jusqu'à ce que l'ébullition se produise ;

Laisser 2 ou 3 minutes au repos, jeter sur le tamis, faire égoutter en remuant avec l'écumoire et mettre en pots.

Gelée de cassis. — La confiture de cassis se fait comme il vient d'être dit pour la groseille ; seulement on maintient l'ébullition 4 minutes. Il faut se hâter de la mettre en pots, car elle prend très vite.

On peut aussi opérer de la même façon avec les abricots, les reines-Claude, les mirabelles, les pêches, la mûre, la fraise entière, la poire, la framboise.

Gelée de quatre fruits. — Quantités égales de cerises dénoyautées, de groseilles égrainées, de fraises et de framboises épluchées, placer le tout dans une bassine, avec le même poids de sucre que le poids total des fruits. Cuire à feu vif.

Au bout d'environ un quart d'heure, le sucre est fondu et les fruits ouverts; on enlève la confiture du feu et on la verse sur un tamis de crin. On recueille le suc sans presser, puis on met en pots.

Le marc forme une excellente marmelade.

PRÉPARATION DES CONFITURES ET DES MARMELADES

Dans les *confitures*, le fruit doit rester intact; dans les *marmelades*, il est réduit en pulpe. D'une manière générale le poids du sucre employé est égal au poids du fruit.

31. Confitures. — Elles s'obtiennent par plusieurs procédés.

PREMIER PROCÉDÉ. — *Les fruits sont blanchis dans un sirop perlé. On les pêche avec l'écumoire. Le sirop est ensuite cuit à consistance voulue, on ajoute les fruits et répartit en pots.*

Confitures de fraises. — Mettez une livre de sucre par livre de fraises; faites un sirop avec un verre d'eau par livre de sucre. Quand votre sirop fait la perle, jetez-y vos fraises. Au premier bouillon, retirez-les et jetez-les sur un tamis; remettez votre jus dans la bassine et laissez bouillir 20 minutes. Jetez-y vos fraises et mettez dans les pots.

Confitures de cerises. — Dénoyautez les cerises, prenez une livre de sucre par livre de cerises et faites un sirop. Au premier bouillon, jetez-les sur un tamis, laissez bouillir ensuite votre jus 20 minutes. Jetez-y de nouveau les cerises avec un tiers de jus de groseilles pour toute la quantité. — On fait d'abord crever les groseilles et on les met ensuite égoutter sur un tamis de façon à obtenir un jus clair. Ajoutez le jus en même temps que les cerises et mettez en pots.

Confitures de reines-Claude. — Dénoyautez les reines-Claude et prenez une livre de sucre par livre de fruits; faites un sirop avec un verre d'eau par livre de sucre; quand le sirop fait la perle, jetez-y vos reines-Claude; au premier bouillon, jetez-les sur un tamis; remettez votre jus dans la bassine et laissez bouillir 20 minutes. Jetez-y de nouveau vos reines-Claude et mettez dans les pots.

Confitures d'abricots. — Pelez et dénoyautez les abricots; prenez une livre de sucre par livre de fruits; faites ensuite un sirop avec un verre d'eau par livre de sucre; quand le sirop fait la perle, mettez-y vos abricots; au premier bouillon, jetez le tout sur un tamis; laissez ensuite bouillir votre jus 20 minutes; jetez-y de nouveau vos abricots, qui doivent être encore entiers et mettez dans les pots.

Confitures de groseille épépinée. — 1° Prenez chaque grain l'un après l'autre et enlevez, du côté de la queue, les pépins, au moyen d'un cure-dent, en prenant garde d'endommager la peau;

2° Pesez-les, prenez 750 grammes de sucre raffiné pour 500 grammes de fruits, faites fondre sur le feu dans un quart de litre d'eau par 500 grammes de sucre, remuez, écumez et laissez cuire au petit boulé;

3° Mettez vos groseilles dans ce sirop et retirez du feu au premier bouillon, ensuite, bien écumer les confitures;

4° Versez dans de petits pots en verre, en distribuant également les fruits, que vous enfoncez s'ils remontent.

DEUXIÈME PROCÉDÉ. — *Les fruits sont cuits dans le sirop de sucre.*

Ce procédé est toujours appliqué avec les fruits à chair consistante, pommes, poires, etc.

Confitures d'abricots. — Prendre des abricots bien mûrs, les dénoyauter, les couper en deux et les placer dans la bassine avec le poids égal de sucre; quand les abricots deviennent transparents et qu'ils fléchissent sous la pression du doigt (un quart d'heure environ) la cuisson est achevée. Aux trois quarts de la cuisson, on ajoute la moitié des amandes, que l'on a mises dans de l'eau bouillante pour enlever la légère pellicule qui les recouvre.

Confitures de pêches. — Prenez des fruits bien mûrs, pelez-les, pesez-les, mettez 3/4 de sucre par livre de fruits. Faites un sirop, jetez vos fruits; quand votre fruit paraît très cuit, retirez à l'écumoire les quartiers, mettez-les en un saladier, laissez bouillir le jus durant une demi-heure pour le laisser évaporer, remettez alors votre fruit bouillir doucement un quart d'heure, mettez en pots.

Confitures des quatre-fruits. — Pesez vos cerises et fraises en proportions égales. Mettez trois quarts de sucre par livre de fruits, faites un sirop. Jetez d'abord vos cerises, laissez bouillir une demi-heure. Jetez vos fraises. laissez bouillir une demi-heure.

Faites à part une gelée de groseille et framboise à poids égal. Mélangez la gelée, après cuisson, aux cerises et fraises quand elles seront cuites. Laissez faire un bouillon général.

Mettez en pots.

Confitures de pommes. — Proportions : pommes pelées, 500 gr.; sucre, 500 gr.; eau, un verre à bordeaux. Manière d'opérer : faire le sirop au boulé, jeter dans ce sirop les pommes pelées et coupées en petits quartiers. Cuisson: vingt minutes. Cette confiture se démoule très facilement et, servie avec une crème renversée, donne un excellent entremets.

Confitures de raisins. — Egrainer les raisins, les peser. Enlever les pépins (un cure-dents ou une plume est très commode). Ajouter la moitié du poids en sucre. Mettre la bassine sur un feu doux. Faire bouillir environ une heure en remuant. Essayer si une goutte de confiture, placée entre le pouce et l'index, filera en écartant les doigts. La cuisson est alors terminée. On peut aussi enlever les pépins de raisin avec l'écumoire pendant la cuisson.

Confitures de poires. — Peler les poires, les couper en quartiers, les jeter au fur et à mesure dans l'eau après avoir enlevé les pépins, les cloisons et les parties pierreuses.

Peser les fruits. Ajouter les trois quarts de leur poids de sucre. Faire cuire à feu doux pendant deux heures environ. Placer les morceaux de poires dans les pots. Laisser réduire le jus pendant un quart d'heure. En couvrir les fruits.

Confitures de raisins et poires. — Préparer la veille les poires, les peler, les couper en quartiers, enlever le cœur, les faire passer la nuit dans du sucre en poudre. Le poids du sucre pour la cuisson est égal à celui des poires, et celui des raisins égrenés doit être double. On enlève les pépins avec un cure-dents ou une plume d'oie taillée en biseau. On fait cuire le tout à feu doux. L'ébullition doit durer environ une heure. Remuer de temps en temps.

32. Marmelades. — ***Marmelade de prunes reines-Claude.*** — Prenez des prunes reine-Claude pas trop mûres. Enlevez les noyaux. Pesez vos fruits et mettez trois quarts de sucre par livre de fruits. Mettez le tout dans une terrine et laissez 12 heures dans un endroit frais. Au bout de ce temps, mettez le tout dans une bassine de cuivre non étamée. Remuez la marmelade pendant la cuisson, car elle s'attache facilement. Lorsque vous la voyez bien brillante et quand, mettant une goutte sur une assiette, elle se fige, la marmelade est assez cuite. Retirez du feu et remplissez les pots.

Marmelade de prunes mirabelles. — Elle se prépare comme la marmelade de prunes reines-Claude.

Marmelade d'abricots. — Elle se prépare de la même manière. On emploie des abricots de plein vent. On les pèle. On trempe dans l'eau chaude les amandes de quelques noyaux, afin d'enlever la peau ; et, après les avoir séparées en deux parties, on les ajoute à la marmelade avant de répartir en pots.

Marmelade de cerises. — Prendre 1 kilog de cerises dénoyautées, 200 grammes de jus de groseille, 1 kilog. 200 grammes de sucre. Faire bouillir à feu vif pendant un quart d'heure. Pour que le fruit reste rouge, avoir un feu bien soutenu.

Marmelade de fraises et framboises. — Peser les fraises, ajouter un dixième de framboises et un poids de sucre égal à celui des fruits ; poser la bassine sur un feu vif, remuer, écumer au moment de mettre en pots ; ébullition : vingt minutes.

Marmelade de groseilles à maquereau. — Enlever la queue et la mouche de chaque fruit (pas trop mûr). Peser et ajouter le même poids de sucre. Faire bouillir 20 minutes à feu vif. Remuer pour empêcher les fruits de s'attacher au fond de la bassine.

Marmelade de framboises. — Mettre les framboises dans la bassine avec le même poids de sucre. Remuer. Quand le sucre est fondu, la confiture est faite.

Marmelade de prunes et de pommes. — Mettre cuire les prunes au four jusqu'à ce qu'elles aient rendu leur jus. Les passer au tamis fin ; ajouter environ 1/3 de pommes pelées et cuites à la casserole sans eau. Mélanger les pommes passées avec les prunes. Pour 2 kilog. de marmelade, mettre 1 kilog. de sucre : faire cuire dans la bassine pendant 2 à 3 heures selon la quantité, puis les recuire au four pendant 3 heures pour que la conservation soit parfaite. Mettre en pots.

CONFITURES SPÉCIALES

Quand les fruits indigènes sont rares, on peut faire des confitures avec des fruits exotiques : oranges, grenades, bananes, etc., et avec des substances végétales riches en cellulose : melons, courges, pastèques, rhubarbe, etc., ou en amidon : châtaignes.

Confiture d'oranges. — Faire tremper de belles oranges à peau épaisse dans l'eau pendant quarante-huit heures. Renouveler l'eau deux fois par jour. Faire cuire à l'eau les oranges entières. On reconnaît qu'elles sont à point lorsqu'elles mollissent sous la pression du doigt. En les retirant du feu, les plonger immédiatement dans l'eau froide. Les y laisser quelques minutes, puis les couper en tranches minces. Mettre 1 livre de sucre par livre de fruits. Commencer par faire le sirop. Lorsqu'il est à peu près cuit, y jeter les tranches d'orange. Laisser finir la cuisson et, avant de retirer la confiture du feu, y ajouter un verre de rhum.

Confiture de melons. — Choisir un melon bien mûr, enlever tout le vert, couper le reste par petits morceaux. Mettre dans une bassine avec trois quarts de livre de sucre cristallisé pour une livre de fruit. Ajouter un verre à vin de vinaigre par kilog. de fruit, un petit morceau de vanille et faire fondre doucement, puis laisser bouillir lentement pendant une heure. Mettre en pots et boucher après que la confiture est refroidie.

Courge au citron. — Se procurer 1 kilog. 50 de courge nettoyée, 1 kilog. de sucre blanc et 2 citrons.

Faire cuire la courge, préalablement découpée en petits cubes de 1 centimètre ou 2 de côté, pendant une demi-heure environ, dans de l'eau bouillante légèrement salée, en évitant que les morceaux se réduisent en bouillie par une trop grande ébullition. On a eu soin, auparavant, d'enlever l'écorce jaune de 2 citrons au moyen d'une râpe à sucre, qui l'aura réduite en fines parcelles que vous aurez conservées. La partie charnue des citrons est jetée dans l'eau bouillante avec la citrouille pendant le dernier quart d'heure d'ébullition. Une fois cuite, la citrouille est mise sur un tamis et elle s'égoutte.

Le sucre blanc, d'un autre côté, jeté dans la bassine à confiture avec un verre d'eau, est fondu à petit feu. On chauffe jusqu'au moment où une goutte de sirop tombant dans un verre d'eau y reste sphérique, pour y ajouter alors la citrouille égouttée ; on presse au-dessus les 2 citrons et l'on fait bouillir encore une demi-heure environ, la bassine restant ouverte.

Retirer alors du feu, et, quand l'ébullition a cessé, ajouter l'écorce jaune des citrons en la mêlant intimement à la masse sans écraser, autant que possible, les petits cubes.

Confitures de tomates. — Prendre 4 kilog. de tomates, 3 kilog. de sucre, une gousse de vanille, et le zeste d'un demi-citron. Choisir les tomates très charnues, les mettre dans une terrine, verser par-dessus de l'eau bouillante, les peler rapidement, les jeter au fur et à mesure dans une terrine remplie d'eau froide.

On prend ensuite les tomates, on les coupe transversalement par le milieu et on enlève toutes les graines à l'aide d'une petite cuiller. Cette opération doit être faite soigneusement et l'on plonge au fur et à mesure les tomates dans une nouvelle eau froide.

On fait fondre le sucre avec une très petite quantité d'eau. Dès que le sirop entre en ébullition, on y jette les tomates, la vanille et le zeste de citron compris, l'un et l'autre en très petits morceaux. Laisser cuire trois heures en remuant très souvent.

Confitures de rhubarbe. — Prendre des côtes de rhubarbe, avant leur entière maturité, pour éviter qu'elles soient trop fibreuses. Éplucher soigneusement et couper en tranches aussi régulières que possible. Faire bouillir une quantité d'eau suffisante pour que la quantité de rhubarbe baigne à l'aise. Jeter les quartiers de rhubarbe quand l'eau est en pleine ébullition, laisser quelques minutes, puis retirer la rhubarbe et la faire égoutter sur un tamis. Préparer le sirop de la manière suivante : prendre 1 litre d'eau de la cuisson pour fondre le sucre cristallisé, dont le poids doit être égal à celui de l'eau et de la rhubarbe à employer, faire cuire au petit boulé et jeter la rhubarbe. Laisser frémir sur le coin du fourneau pendant 20 à 25 minutes. Laisser refroidir et mettre en pots. Couvrir 15 jours après.

Confitures de châtaignes (*Procédé Cord*)[1]. — Prendre des châtaignes (marrons de préférence, plus sucrés), leur enlever la première peau avec un couteau. Les faire cuire à l'eau environ une demi-heure. Enlever après cuisson la deuxième peau. Piler au mortier les châtaignes encore chaudes de façon à les réduire en une purée très fine (analogue à la purée de pommes de terre). — Faire un sirop de 1 kilog. de sucre et un verre d'eau ; après ébulli-

---

1. M. Cord, attaché à l'Office des renseignements au Ministère de l'Agriculture.

tion, délayer 1 kilog. de pâte de châtaignes; faire bouillir une demi-heure en évitant de laisser la masse s'attacher au fond de la bassine, avoir soin de parfumer le sirop avec une demi-gousse de vanille (ne pas employer la vanilline ou le sucre vanillé, qui ne donne qu'un goût désagréable rappelant peu la vanille).

Verser la confiture toute chaude dans des pots en verre ou en grès.

Nota. — Cette confiture ne peut être conservée au delà du mois de mai, car elle moisit.

Pour la confiture à consommer de suite, employer 3/4 ou 1/2 kilog. de sucre par 1 kilog. de pâte de châtaignes.

Au lieu de parfumer le sirop à la vanille, on peut, cinq minutes avant le retrait du feu, le parfumer avec un petit verre de rhum par kilogramme.

Manger la confiture de marrons avec une crème dite à la Chantilly ou avec un gâteau dit Saint-Honoré.

REMARQUES SUR LA PRÉPARATION DES CONFITURES

1° *Moyen d'obtenir une confiture consistante sans prolonger la cuisson.* — On peut donner à une confiture la consistance voulue sans prolonger la cuisson qui altère le parfum et la couleur par le procédé suivant, indiqué par M. Saillard.

« La préparation des confitures revient, en somme, à cuire des fruits dans un sirop sucré.

« Au lieu de préparer le sirop sucré avec de l'eau et du sucre, on le prépare avec du sucre et du jus de pommes.

« A cet effet, les pommes sont pelées, énoyautées, puis cuites dans de l'eau bouillante. On les met ensuite dans un sac et on en extrait le jus par pression. C'est avec ce jus qu'on prépare le sirop sucré. Ce sont les principes pectiques de la pomme qui donnent de la consistance par le refroidissement.

« Quant au pressin, il peut servir à faire de la marmelade de pommes. »

2° *Confiture trop cuite.* — Quelquefois la confiture est trop cuite; à la longue, des cristaux de sucre forment une couche blanche à la surface. Ce phénomène se produit surtout avec les fruits faiblement acides. On augmente alors l'acidité par une addition de zéro à quatre grammes d'acide tartrique ou citrique par kilogramme de sucre. On favorise ainsi l'inversion. Des expériences de laboratoire ont montré que la cristallisation est difficile quand, dans la confiture finie, il y a parties égales de sucre de canne et de sucre inverti.

CONFITURERIE INDUSTRIELLE

La préparation des confitures dans l'industrie comporte les opérations suivantes :
1° *Conservation des fruits;*
2° *Cuisson des confitures;*
3° *Empotage.*

1° **Conservation des fruits**. — Les confitureries fabriquent ordinairement 'eurs produits au fur et à mesure des commandes. Elles conservent les fruits

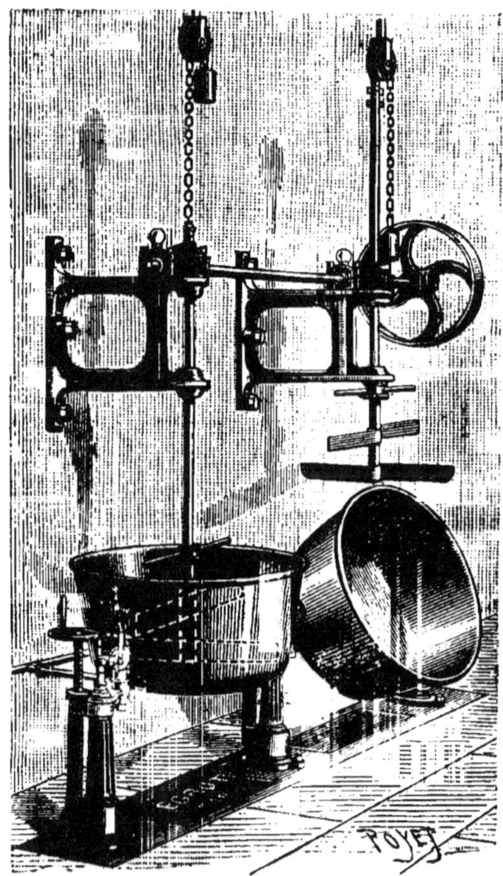

FIG. 39. — BASSINES POUR ÉVAPORATIONS.

par la méthode Appert. Les fruits à noyaux sont énoyautés et stérilisés dans des boîtes en fer-blanc de 2, 5 ou 10 litres par trente minutes d'ébullition au bain-marie. Les groseilles, les framboises, les fraises, les cassis, entiers ou réduits en pulpe à la presse, sont stérilisés en flacons ou en boîtes. Les pommes sont cuites, pressées, et l'on conserve séparément le jus et la pulpe.

Le jus de pommes est précieux en confiturerie. Il est riche en principes pectiques. Il donne de la consistance par le refroidissement et permet d'abréger l'évaporation.

2° *Cuisson des confitures*. — D'une manière générale on emploie 9 kilos

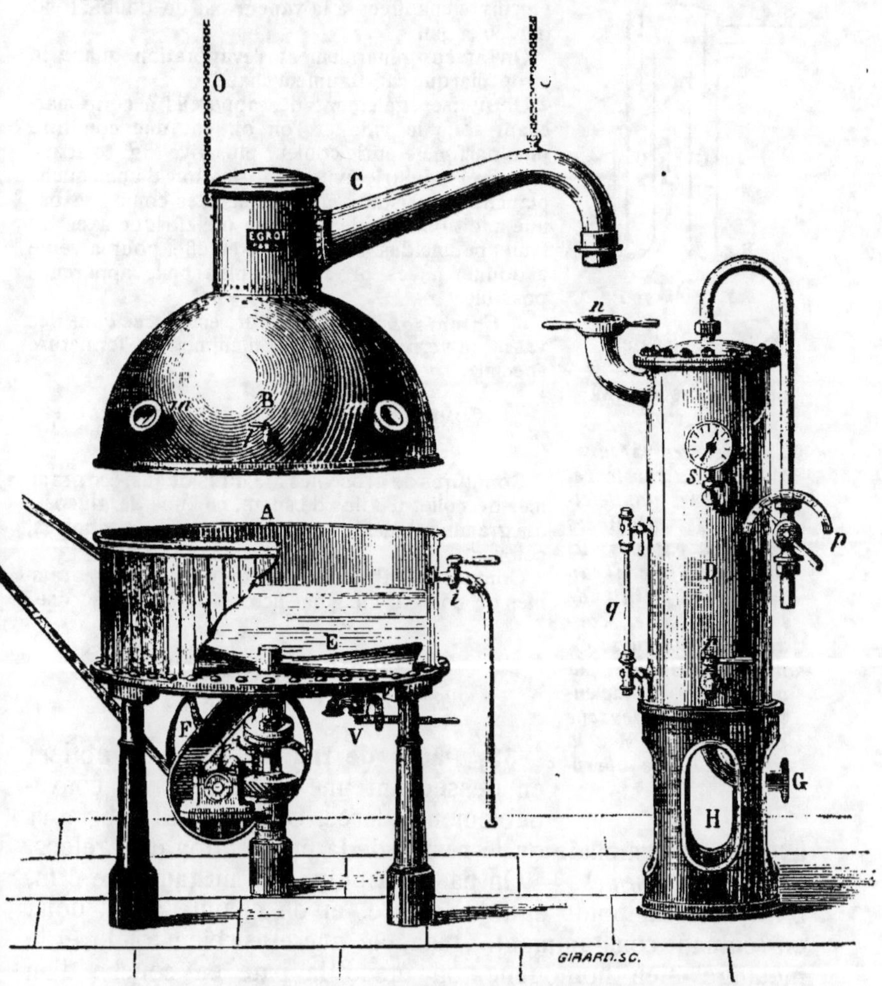

FIG. 40. — APPAREIL A VIDE FIXE A FOND PLAT, AVEC CONDENSEUR
A INJECTION SIMPLE, COUPOLE MOBILE ET AGITATEUR FIXE.

A, *cucurbite de l'évaporateur*; B, *Coupole mobile*; C, *col de cygne*; D, *condenseur à injection*; E, *agitateur*; F, *mécanisme de l'agitateur*; G, *aspiration de la pompe*; H, *pied support du condenseur*; i, *introduction du liquide*; l, *robinet à air*; mm, *regards*; n, *raccord rapide*; o, *chaines des contrepoids équilibrant la coupole*; p, *arrivée d'eau de réfrigération*; q, *niveau des entrainements*; r, *vidange*; s, *thermomanomètre*; v, *vidange de l'évaporateur*.

L'appareil est chauffé par un double fond composé de deux disques métalliques entretoisés entre lesquels circule la vapeur.

de jus pour 6 kilos de sucre. L'industrie utilise le sucre de canne et le glucose. Elle cherche par raison d'économie à restreindre l'évaporation par cuisson, tout en donnant à la confiture la consistance voulue. Pour cela elle utilise le jus de pommes et ajoute une colle comme la gélose [1].

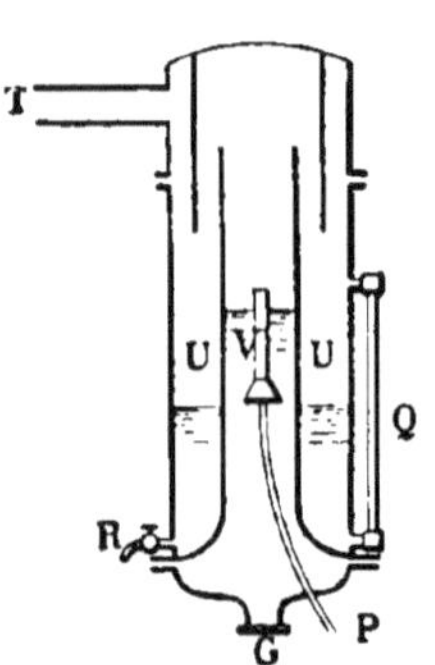

FIG. 41. — COUPE THÉORIQUE DU CONDENSEUR PAR INJECTION.

T, *arrivée des vapeurs;* U, *vase de sûreté recueillant les gouttelettes liquides entraînées avec les vapeurs;* P, *tuyau d'arrivée de l'eau froide qui jaillit de l'injecteur* V *et condense les vapeurs;* Q, *niveau indiquant la quantité de liquide entraîné qu'on évacue par le robinet* R *à la fin de chaque opération.*

On cuit les confitures dans des bassines à air libre en cuivre chauffées à la vapeur par un double fond (fig. 39 et 42).

On arrête généralement l'évaporation quand le sirop marque 28° Baumé à chaud.

On utilise également des appareils à cuire marchant sous le vide et l'on obtient une confiture plus parfumée et de couleur plus vive (fig. 40 et 41).

Enfin l'industrie évite la formation d'une couche blanche de cristaux à la surface des confitures par une addition d'acide tartrique ou citrique avec les fruits peu acides. Elle cherche en effet pour la vente à donner à ses produits la plus belle apparence possible.

3° ***Empotage***. — La confiture est placée dans des vases en verre, en faïence ou en métal à fermeture spéciale.

COMPOSITION DE QUELQUES CONFITURES INDUSTRIELLES.

Confitures de groseilles : 13 litres de jus, 800 grammes de colle, 18 kilos de sucre, 90 kilos de glucose, 325 grammes d'acide tartrique, extrait de framboises, colorant.

Confitures d'abricots : 53 kilos de fruits, 500 grammes de colle, 9 kil. 4 de sucre, 34 kil. 7 de glucose.

PATES DE FRUITS ET FRUITS CONFITS

33. Pâtes de fruits. — On les obtient en desséchant une pulpe de fruit convenablement sucrée. On peut les fabriquer avec une marmelade ou le résidu de la préparation des gelées.

Pâte de pommes. — On passe la pulpe sur un tamis de crin, on ajoute un poids égal de sucre, et on chauffe à feu doux en remuant constamment. Quand le sucre est bien fondu et le mélange bien homogène, on étend la pâte en couche d'un demi-centimètre d'épaisseur sur des assiettes ou des tourtières. On fait sécher dans un four ouvert ou sur le dessus du fourneau, pendant plusieurs jours, à température modérée. Quand la pâte commence à se détacher, on la retourne ; lorsqu'elle est suffisamment sèche, on la coupe en losanges, en saupoudrant

---

1. La gélose s'obtient en dissolvant dans l'eau une algue connue sous le nom d'agar-agar.

plusieurs fois de sucre en poudre. On la conserve dans des boites, en lieu sec.

Les *pâtes de coings* et *d'abricots* se préparent de la même manière.

34. Fruits confits. — La préparation des fruits confits comprend essentiellement les opérations suivantes :

Le blanchiment ; la mise en sucre; le séchage.

Les *abricots*, les *prunes* (Reine-Claude et Mirabelle), les *cerises* (cerise

FIG. 42. — VUE D'UNE FABRIQUE DE CONFITURES.

anglaise), les *poires* (Rousselet), sont blanchis comme nous l'avons indiqué pour la préparation des fruits au sirop.

Ils sont mis ensuite à macérer, à température constante, dans des bassines à bain-marie avec des sirops dont le degré de cuisson va en s'élevant et la concentration en croissant. L'opération dure plusieurs jours.

Les fruits confits sont enfin égouttés et séchés dans des étuves. Ils se recouvrent d'une petite couche de sucre formant un véritable enrobage.

La préparation des *marrons confits* est très délicate, car le fruit cuit dans l'eau et pelé est ensuite très fragile. On termine la mise en sucre par une immersion dans du sirop cuit au petit cassé.

Le marron se recouvre par dessiccation d'une couche glacée de sucre, il est dit « marron glacé ».

L'angélique, choisie bien tendre, est coupée en morceaux de 10 à 15 centimètre, lavée et blanchie suffisamment pour qu'on puisse enlever les fibres. On la cuit ensuite jusqu'à ce qu'elle fléchisse sous la pression du doigt, on l'égoutte et on la met en sucre.

CONSERVATION PAR LE FROID

CHAPITRE I

GÉNÉRALITÉS SUR LA MÉTHODE DE CONSERVATION PAR LE FROID

35. Principe de la méthode de conservation par le froid. — Les microbes ne sont pas tués par des températures très inférieures à o degré ; mais une température suffisamment basse arrête ou ralentit leur développement. Le froid ne stérilise donc pas les matières alimentaires, mais il permet leur conservation.

On utilise *le froid naturel* et *le froid artificiel* que l'on obtient à l'aide de machines dites frigorifiques.

36. Mode d'emploi du froid naturel. — On conserve par le froid naturel des substances alimentaires en les isolant dans des silos, des caves, des celliers, des fruitiers, etc., ou à l'aide de paille, de feuilles sèches, de papier, etc.

Les procédés de conservation par le froid naturel sont tous à la portée de la ménagère.

Nous verrons comment on procède à la

Conservation des poires et des pommes en silo et au fruitier ;

Conservation des raisins à rafle sèche et à rafle fraiche ;

Conservation des légumes en caves, en celliers, en silos.

37. *Mode d'emploi du froid artificiel.* — Les microbes ne se développent que dans les milieux réalisant certaines conditions de température, d'humidité et d'aération. Nombre de moisissures n'ont pas besoin de beaucoup de chaleur pour se multiplier dans une atmosphère humide. Le Botrytis Cinerea germe à + 2 degrés, le Penicillium glaucum à + $2^o,5$ et pousse très bien dans les caves de Roquefort dont la température est voisine de ce chiffre. Aussi la production du froid artificiel ne consiste pas à entourer de glace les produits à conserver qui seraient souillés par l'eau de fusion et altérables dans une atmosphère humide et à température peu constante. On les enferme dans une pièce dite *chambre froide* où ils sont *congelés* ou simplement *réfrigérés* à l'aide d'une *machine frigorifique*.

La *congélation* comporte l'emploi de températures inférieures à 0 degré. Elle ne laisse subsister aucune trace d'humidité dans les locaux, arrête complètement le développement des germes et permet une conservation de longue durée; mais elle modifie la texture des produits. On ne l'utilise que pour quelques substances, telles que la viande et le poisson.

La *réfrigération* proprement dite comporte l'emploi de températures ne devant jamais descendre au-dessous de 0 degré. Elle ne dessèche pas complètement l'atmosphère et ralentit seulement le développement des germes. Elle n'est employée que pour une conservation de faible durée, mais *c'est, de tous les procédés de conservation usités, le seul qui laisse aux substances alimentaires leur apparence de produits frais et toutes leurs qualités.* La stérilisation par la chaleur, les antiseptiques modifient toujours la saveur des produits et ne permettent pas de les accommoder avec toutes les ressources de la cuisine.

Malgré sa valeur, *le procédé par réfrigération* est encore peu appliqué par l'agriculteur; cependant il *peut et doit être employé dans l'industrie agricole.* Si en effet les grands magasins frigorifiques sont du domaine de la grande industrie, les petites installations sont parfaitement à la portée d'un cultivateur aisé. En outre, les agriculteurs peuvent s'associer en vue de la conservation par le froid et de la vente en commun de leurs produits.

De nombreuses coopératives laitières utilisent déjà le froid artificiel pour la conservation du lait, du beurre. Des producteurs groupés conserveront de même avantageusement, par le froid, les œufs et les fruits qu'ils porteront sur le marché pendant les mois d'hiver.

Observation générale. — La méthode de conservation par le froid des denrées alimentaires ne peut être utilisée avec succès que si les produits sont *frais* et *sains*. La stérilisation par la chaleur, l'emploi des antiseptiques peuvent masquer l'altération d'une substance avariée, au grand détriment de l'hygiène. Il n'en est pas de même du froid, qui ne fait que ralentir l'altération.

APPAREILS POUR LA PRODUCTION DU FROID ARTIFICIEL

La conservation des substances alimentaires par le froid artificiel nécessite l'emploi de deux organes :

1° *Une machine frigorifique* qui produit le froid.

2° *Une chambre froide* dans laquelle on soumet les substances alimentaires au refroidissement.

I. — MACHINE FRIGORIFIQUE

38. Principe de la production artificielle du froid. — Le changement d'état d'un corps est accompagné d'un phénomène thermique. La fusion, la dissolution, l'évaporation, se produisent avec absorption de chaleur. Les deux premiers phénomènes trouvent leur application dans les *mélanges réfrigérants* dont l'emploi est assez restreint. L'évaporation de certains gaz facilement liquéfiables : gaz sulfureux, gaz ammoniac, est aujourd'hui presque exclusivement mise à profit pour la production du froid à l'aide des machines frigorifiques, dites *machines à compression.*

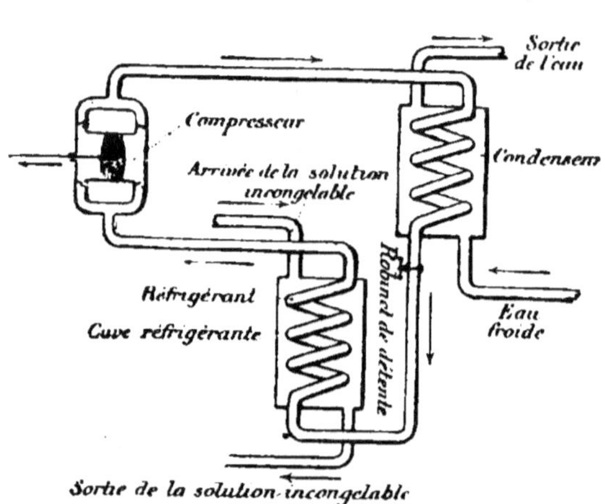

Fig. 43. — Coupe théorique de la machine a compression.

39. Description et fonctionnement de la machine à compression. — La machine à compression se compose essentiellement de trois organes : *le compresseur, le réfrigérant, le condenseur* (fig. 43).

Le *compresseur* est une pompe aspirante et foulante. D'un côté, elle aspire les vapeurs du gaz liquéfié produites dans un serpentin ou un corps tubulaire appelé *réfrigérant*; de l'autre, elle refoule et comprime ces vapeurs, qui se liquéfient dans un autre serpentin ou un corps tubulaire appelé *condenseur*, refroidi par un courant d'eau froide.

Prenons le cas d'une *machine à anhydride sulfureux*. Le point d'ébullition de l'anhydride sulfureux est — 10 degrés sous la pression atmosphérique. Cela veut dire que si l'anhydride sulfureux liquide est versé dans un vase ouvert, la température du liquide s'abaisse instantanément à — 10 degrés. Le liquide bout et la température reste constante pendant toute la durée de l'ébullition.

Le point d'ébullition est inférieur à — 10 degrés si la pression à la surface du liquide est inférieure à la pression atmosphérique; mais si l'anhydride sulfureux liquide est enfermé dans un récipient métallique hermétiquement clos, il prend la température ambiante et la tension des vapeurs qu'il dégage augmente progressivement.

Supposons que le réfrigérant, qui est hermétiquement clos, renferme une certaine quantité de liquide à la température ambiante. Mettons le compresseur en mouvement, il aspire les vapeurs contenues dans le réfrigérant, ce qui fait diminuer la pression exercée par ces vapeurs sur le liquide; aussitôt celui-ci entre en ébullition pour émettre de nouvelles vapeurs. Mais pour opérer ce changement d'état le liquide a besoin de chaleur qu'il emprunte à lui-même, aux parois du réfrigérant, et aux corps qui entourent celui-ci : air ou solution de liquide incongelable.

A chaque coup de pompe la température s'abaisse et cela proportionnellement au poids du liquide évaporé. La tension des vapeurs qui se forment diminue et lorsque cette tension est égale à la pression atmosphérique la température du réfrigérant et des corps qui l'environnent est exactement — 10 degrés.

Si l'anhydride sulfureux évaporé ne rentrait pas dans le réfrigérant l'opération serait de courte durée, car elle cesserait dès que la provision du liquide aurait disparu, mais les vapeurs aspirées sont refoulées dans le condenseur où elles se liquéfient à mesure. La compression du gaz dégage de la chaleur. Elle est absorbée par le courant d'eau froide qui baigne le condenseur, de sorte que la tension de la vapeur augmente à chaque coup de piston sans que sa température s'élève. Il arrive alors un moment où cette tension est maximum pour la température du condenseur et la vapeur se liquéfie, abandonnant à l'eau la chaleur absorbée dans le réfrigérant pendant l'évaporation.

La tension maximum à atteindre pour la liquéfaction est d'autant plus faible que la température de l'eau est plus basse.

A chaque coup de pompe on reconstitue dans le condenseur une quantité de liquide égale à celle qui disparaît dans le réfrigérant. Le mouvement de la machine est donc continu et le gaz liquéfié sert indéfiniment. Il suffit de remplacer les pertes qui peuvent se produire.

La pression dans le condenseur est toujours supérieure à celle du réfrigérant puisqu'il y a inégalité de température dans ces deux réservoirs et que le réfrigérant est le plus froid. Le liquide peut donc s'écouler de lui-même du condenseur dans le réfrigérant. Un *robinet de détente* est réglé de telle sorte qu'il laisse passer une quantité de liquide égale à celle qui s'évapore.

40. Agents frigorifiques employés dans les machines à compression. — Les principaux agents frigorifiques employés

dans les machines à compression sont *l'anhydride sulfureux,* le *gaz ammoniac anhydre,* le *gaz carbonique,* le *chlorure de méthyle liquéfiés.*

La *puissance frigorifique* d'un gaz liquéfié dépend de sa *chaleur latente de vaporisation* et de sa *chaleur spécifique.*

La *chaleur latente de vaporisation* est le nombre de calories qu'il faut fournir à 1 kilogramme du corps pris à sa température d'ébullition sous la pression atmosphérique normale pour le transformer complètement en vapeur sans élever sa température.

La *chaleur spécifique* est le nombre de calories qu'il faut fournir à 1 kilogramme du corps pour élever sa température de 1 degré.

Au sortir du condenseur, le gaz liquéfié est à une température supérieure à celle du réfrigérant. Il cède donc de la chaleur à celui-ci tandis que l'évaporation en absorbe. Le nombre de calories perdues par le réfrigérant ou, comme on dit, le nombre de *frigories* produites par la machine est la résultante entre les deux effets.

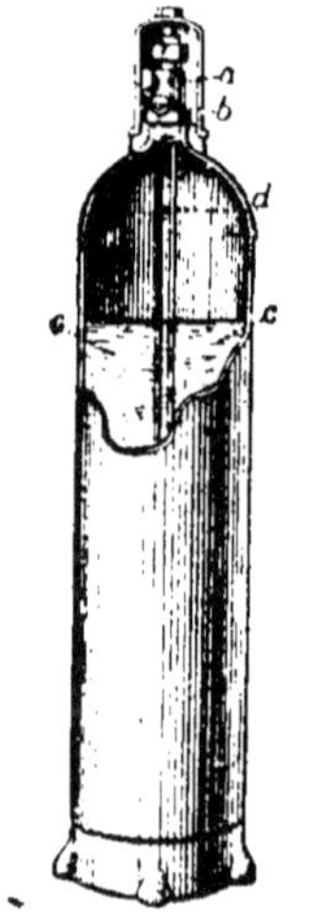

FIG. 44.

Type des cylindres servant au transport des gaz liquéfiés.

a, *système de fermeture du cylindre;* b, *robinet qu'on ouvre pour livrer passage au gaz;* c, *gaz liquéfié;* d, *tube plongeur. La pression du gaz confiné en fait jaillir le liquide.*

Gaz sulfureux. — Le gaz sulfureux liquéfié est très volatil. Il bout à — 10 degrés, sa chaleur latente de vaporisation est de 93. Autrement dit quand 1 kilogramme de gaz sulfureux se volatilise dans le réfrigérant à — 10 degrés, il absorbe 93 calories au réfrigérant et aux corps environnants. Sous la pression de une demi-atmosphère, il bout à — 25 degrés. Donc si la pompe raréfie le gaz à une demi-atmosphère la température du réfrigérant pourra descendre à — 25 degrés. A 10 degrés, la tension du gaz est de 2,34 atmosphères; à 25 degrés, 4 atmosphères. Donc si la température du condenseur est de 25 degrés, il suffira de comprimer le gaz à quatre atmosphères pour le liquéfier; les machines à gaz sulfureux marchent à basse pression. Le gaz sulfureux a l'avantage de ne pas attaquer les métaux et d'être incombustible. De plus il est lubréfiant, il supprime le graissage; mais il a une odeur piquante et absorbe facilement l'oxygène et la vapeur d'eau de l'air, pour se transformer en acide sulfurique qui attaque les métaux. Il nécessite des joints hermétiques.

Gaz ammoniac. — Le gaz ammoniac liquéfié bout à — 35 degrés. Sa chaleur latente de vaporisation est très considérable, 331 calories à — 35 degrés. Il permet donc d'obtenir une réfrigération rapide et intense. Les tensions de ses vapeurs sont beaucoup plus élevées que celles du gaz sulfureux. La tension est 7 atmosphères à + 10 degrés et 12 à + 27 degrés : les machines à ammoniac marchent à plus haute pression que celles à gaz sulfureux. L'ammoniac a une odeur désagréable, il attaque le cuivre qui est proscrit dans la construction des machines.

Gaz carbonique. — Le gaz carbonique liquéfié bout à — 78 degrés, néanmoins il ne permet pas de réaliser des températures très basses comme on pourrait s'y attendre; car, à — 50 degrés, il se solidifie sous forme de neige. Ses tensions de vapeur sont très élevées, 76 atmosphères à + 30 degrés. En

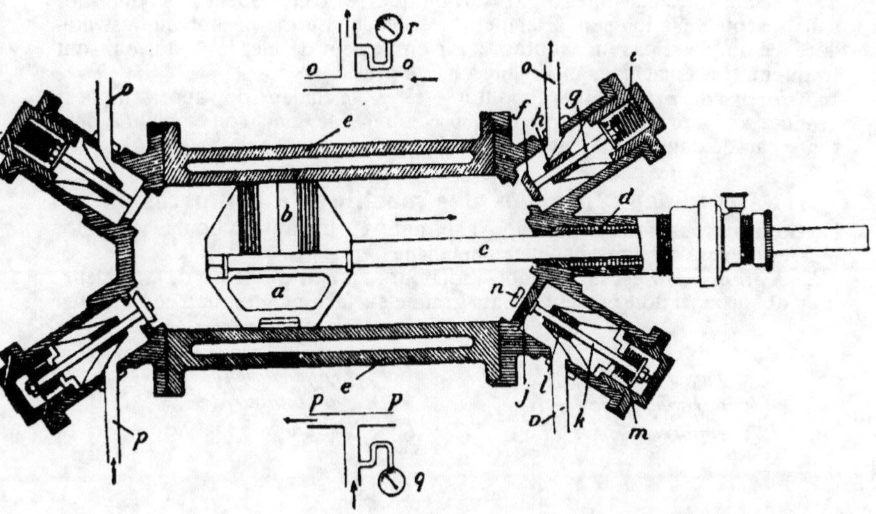

FIG. 44. — COUPE DEMI-THÉORIQUE D'UN COMPRESSEUR A GAZ SULFUREUX,
SYSTÈME DELION ET LEPEU.

a, *coupe du piston*; b, *profil du piston*; c, *tige du piston*; d, *presse étoupe
étanche, supprime les fuites*; e, *cylindre à double enveloppe permettant d'y
faire passer de l'eau pour combattre l'échauffement dû à la compression du
gaz*; j, *clapet d'aspiration du gaz au réfrigérant*; f, *clapet de refoulement
du gaz au condenseur*; gk, *tiges des clapets*; hl, *guides*; im, *ressorts*; n,
arrêt du clapet d'aspiration*; oo, *tuyaux de refoulement*; pp, *tuyaux d'aspiration*; q, *manomètre monté sur l'aspiration*; r, *manomètre monté sur le
refoulement.*

aa, *collecteurs d'anhydride sulfureux gazeux;*

bb, *collecteurs d'anhydride sulfureux liquide;*

cc, *tubes reliant les collecteurs.*

A, *Tuyau d'arrivée de l'anhydride sulfureux liquide;*

B, *Tuyau d'aspiration de l'anhydride sulfureux gazeux.*

FIG. 45. — RÉFRIGÉRANT A GAZ SULFUREUX, SYSTÈME RAOUL PICTET.

outre la chaleur d'évaporation diminue rapidement quand la température s'élève ; aussi les machines à gaz carbonique ne conviennent pas quand les eaux de condensation sont à température élevée. Le gaz carbonique est inodore, ce qui n'est pas un avantage ; car on ne peut déceler les fuites qui sont fréquentes, les machines marchant à haute pression.

Chlorure de méthyle. — Il bout à — 23°,7. Sa chaleur de vaporisation est grande, 200 calories à 0° Il est un peu combustible, mais son emploi ne présente pas de dangers. Il n'attaque pas les métaux.

41. Principaux organes des machines à compression. —

Le **Compresseur** est une pompe aspirante et foulante à double effet. Le *presse-étoupes* doit être absolument étanche (fig. 45).

Le **Réfrigérant** est un véritable radiateur ; au lieu d'émettre de la chaleur il en absorbe. Il doit présenter une grande surface et être bon conducteur.

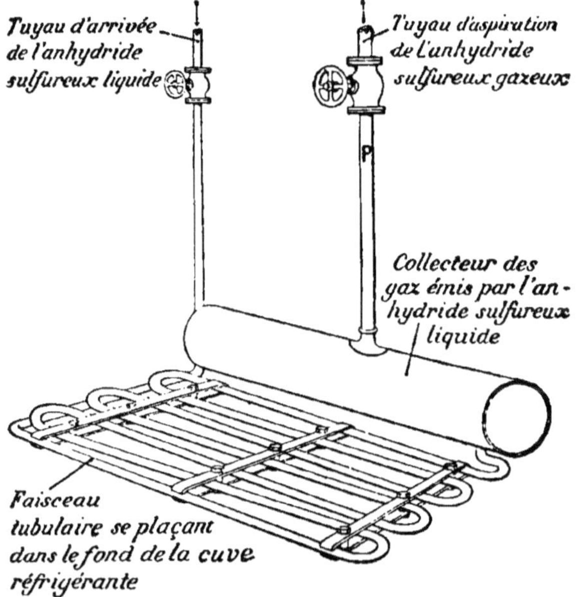

FIG. 47. — RÉFRIGÉRANT A GAZ SULFUREUX, SYSTÈME DELION ET LEPEU.

On emploie le cuivre, sauf dans le cas des machines à ammoniac (l'ammoniac attaquant le cuivre). Le réfrigérant se compose d'un serpentin en fer (*machine à ammoniac système Linde*), de corps tubulaires en cuivre (*machines à gaz sulfureux, système Pictet, système Delion et Lepeu, etc.*), de tuyaux en fonte à ailettes (*machine à ammoniac système Lebrun*). La disposition du réfrigérant varie d'ailleurs pour chaque application spéciale. Généralement le réfrigérant est noyé dans une cuve dite *cuve réfrigérante* contenant une solution incongelable de chlorure de magnésium ou de chlorure de calcium (fig. 43, 46 et 47).

Le **Condenseur** cède de la chaleur à l'eau qui l'entoure. Il présente des dispositions analogues à celles du réfrigérant : c'est un serpentin ou un corps tubulaire noyé dans une bâche, où circule un courant d'eau froide (fig. 48) ;

c'est encore un corps tubulaire refroidi par une pluie d'eau froide (*condenseur à ruissellement*).

Moteur. — La machine à compression est actionnée par un moteur ther-

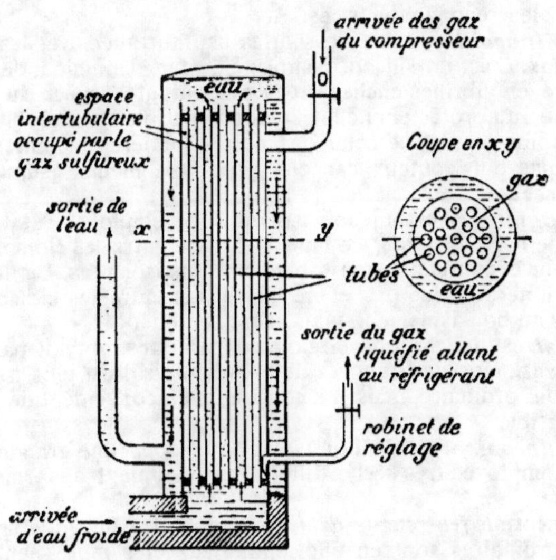

FIG. 48. — COUPE THÉORIQUE D'UN CONDENSEUR TUBULAIRE.

mique : machine à vapeur, moteur à gaz d'éclairage ou à gaz pauvre, moteur à pétrole ; par un moteur hydraulique ou par un moteur électrique.

II. — CHAMBRE FROIDE

La chambre froide est suivant l'importance de l'installation : un véritable *entrepôt* ou magasin divisé en compartiments, une *pièce unique* ou bien une simple *armoire*. Pour le transport des produits réfrigérés ou congelés on aménage des *wagons* et des *bateaux frigorifiques*.

La chambre froide doit réaliser certaines conditions de *température*, *d'humidité* et *d'aération*.

42. 1° **Conditions de température.** — On se propose d'entretenir dans la chambre froide une température basse et aussi constante que possible. Il faut donc que la chambre froide soit protégée soigneusement contre les variations de la température extérieure. Tout d'abord les moteurs, les compresseurs, les condenseurs seront placés dans une salle spéciale : salle des machines. Puis on réalisera des *parois isolantes* en intercalant entre deux cloisons des corps mauvais conducteurs de la chaleur.

Un *matelas d'air* est un bon isolant à la condition que l'air soit absolument confiné. Il faut pour cela qu'il soit enfermé entre des cloisons dénuées de porosité, ce qui est difficile à réaliser.

On utilise de préférence des substances très divisées. Elles immobilisent parfaitement l'air dans leurs interstices. Il faut toutefois les garantir de l'humidité qui les rend conductrices.

La *laine minérale* ou laine de scories est fabriquée avec les scories des hauts fourneaux. C'est un silicate complexe de fer, d'alumine, de chaux, etc., véritable verre en fibrilles enchevêtrées présentant l'aspect du coton. Elle forme un bon écran protecteur ; elle est incombustible et insoluble dans l'eau. Son prix est plus élevé que celui des autres matières isolantes ; mais son emploi n'est pas plus coûteux, car elle produit le même résultat sous une moindre épaisseur.

Le liège aggloméré est un bon isolant. On l'emploie à l'état de poudre, sous le nom de *liège granulé*, comme bourrage entre les cloisons et à l'état de *briques* pour constituer de véritables cloisons isolantes. Le liège granulé est élastique, il ne se tasse pas et ne laisse pas entre les cloisons de vides préjudiciables au bon isolement, mais il est combustible.

Le charcoal est du charbon de bois en paillettes, obtenu par la calcination lente en vase clos de rognures de bois tendre. Il est plus isolant que le charbon de bois ordinaire, mais il a comme lui l'inconvénient de se tasser et d'être combustible.

La sciure de bois n'est un bon isolant que sous une grande épaisseur. Elle doit être employée très sèche. Elle a l'inconvénient de fermenter quand elle est humide.

On utilise encore *le feutre* et *le papier* qui doit être fabriqué spécialement. Les papiers ordinaires sont en effet spongieux et s'imprègnent facilement d'humidité. Le *papier P et B* a une grande résistance. Il est imperméable à l'air et à la vapeur d'eau.

La conductibilité du charcoal étant prise comme unité, la conductibilité des autres matières isolantes est donnée par les chiffres suivants.

Laine minérale	0,96
Charcoal	1,00
Feutre	1,07
Liège	1,273
Charbon de bois	1,446

43. Construction de la chambre froide. — La chambre froide peut recevoir des gains de chaleur du sol et de l'air.

Fondations isolantes (fig. 49 A et fig. 50). — La chambre froide sera édifiée sur une cave ou sur un sol sain et sec. On drainera soigneusement un sol humide, car l'eau augmente considérablement la capacité calorifique du sol. D'après M. de Loverdo [1] le sol creusé sur une épaisseur de 1 mètre a 1 m. 50 est recouvert d'une couche de béton de 25 à 30 centimètres, puis de 2 à 3 centimètres d'asphalte ou de 3 à 4 centimètres de ciment. On fait un matelas d'air de 25 à 50 centimètres à l'aide de madriers sur lesquels on construit un plancher isolant. La chambre froide bâtie sur cave repose directement sur un plancher isolant.

Plancher isolant (fig. 49 A et 50). — On intercale une couche de papier P et B entre deux cloisons en bois, puis, à l'aide de madriers, on fait un matelas de 15 centimètres avec la laine minérale ou de 20 centimètres avec le liège et

---

1. J. DE LOVERDO, *Le froi artificiel et ses applications industrielles, commerciales et agricoles*

le charcoal. Enfin on recouvre d'un plancher protégé par du ciment ou de l'asphalte contre l'humidité et les odeurs des produits conservés.

Murs et parois isolantes (fig. 49, 50). — Sur le mur en maçonnerie qui supporte la charpente et la toiture on applique une paroi isolante.

D'après de Loverdo elle doit se composer d'un matelas d'air, puis d'une couche de papier P et B intercalée entre deux cloisons en sapin, d'un matelas de laine minérale ou de liège granulé et enfin d'une double cloison

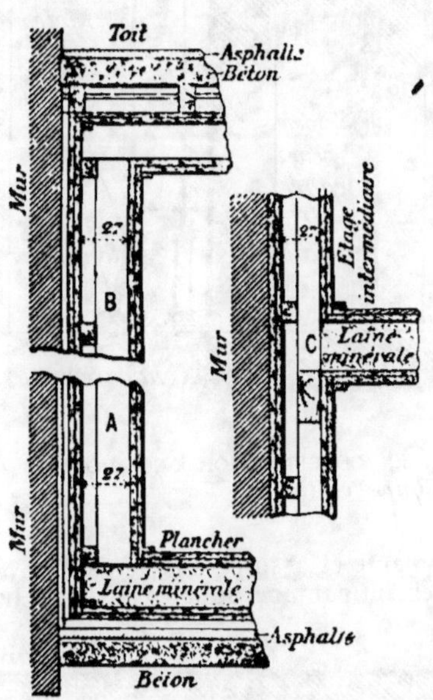

FIG. 49. — FONDATIONS, TOITURE ET PAROIS ISOLANTES (d'après M. de Loverdo).

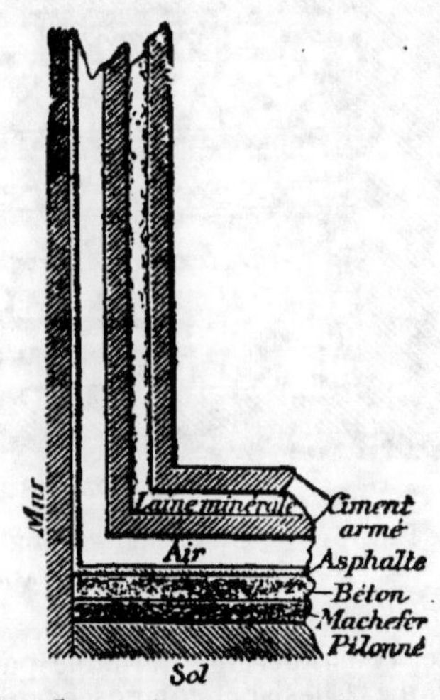

FIG. 50. — COUPE THÉORIQUE DE FONDATIONS ET DE PAROIS ISO-LANTES (autre disposition).

Machefer pilonné, 0 m. 15 à 0 m. 20; *béton*, 0 m. 25 à 0 m. 30; *asphalte ou ciment*, 0 m. 03 à 0 m. 04; *matelas d'air*, 0 m. 25 à 0 m. 50; *ciment armé*, 0 m. 20; *Laine minérale*, 0 m. 15.

enfermant une couche de papier. Les étages intermédiaires et le plafond seront isolés par le plancher décrit et l'on remplira le vide entre le plafond et le toit à l'aide de paille, de mousse, etc.

Les parois intérieures de la chambre froide seront recouvertes d'une couche de peinture claire, vernissée ou émaillée.

Si l'on craint les dégâts des rongeurs, on peut remplir de verre pilé le matelas d'air contre le mur et revêtir d'une feuille de tôle la face des poteaux qui touche directement sur le mur.

Disposition intérieure de la chambre froide. — L'établissement peut comporter plusieurs pièces sur un ou plusieurs étages.

Les portes des locaux réfrigérés donneront toutes sur un couloir, de même que les escaliers et les monte-charges.

Le couloir ou la porte de la chambre froide unique s'ouvriront sur une chambre dite *chambre de transition* formant sas d'air et ayant pour but d'éviter le contact direct de l'air extérieur quand on pénètre dans la chambre froide. Elle sert en outre d'atelier pour la manipulation des produits et de chambre de décongélation. Il faut, en effet, éviter la brusque exposition des produits congelés ou réfrigérés au contact de l'air extérieur, car ils se recouvrent d'une buée abondante comme les bouteilles que l'on remonte de la cave en été, et ils s'altèrent ensuite rapidement (fig. 51 et 52).

Portes des chambres froides. — Elles doivent être aussi réduites que pos-

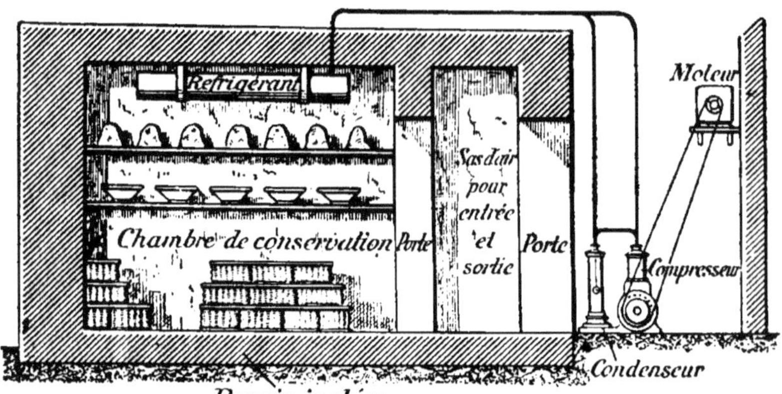

Fig. 51. — Chambre froide pour la conservation des produits alimentaires. *Coupe verticale.*

sible, constituer une véritable paroi isolante et assurer une fermeture hermétique. Elles sont composées généralement par une double cloison en bois

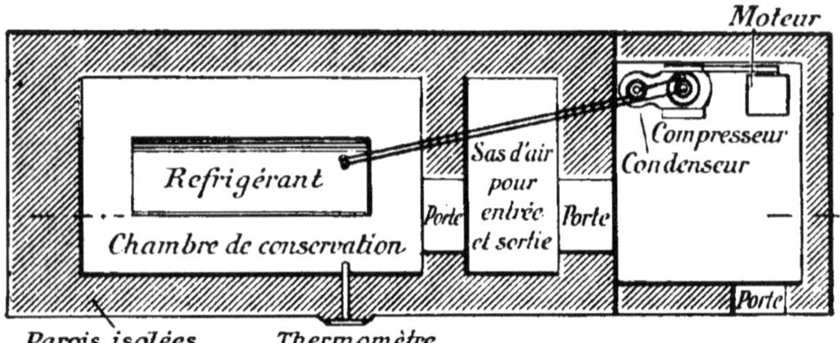

Fig. 52. — Chambre froide pour la conservation des produits alimentaires. *Coupe horizontale.*

tapissée intérieurement d'une feuille de papier et limitant un espace rempli de laine minérale ou de liège granulé.

Les bords sont en biseau et l'herméticité est complétée par des bourrelets de feutre ou de caoutchouc qui s'aplatissent sous la pression de la porte (fig. 53).

Eclairage. — Les baies vitrées sont de petites dimensions. On les pratique au nord et à l'est, afin d'éviter le contact direct des rayons solaires. Elles sont composées de deux ou trois châssis vitrés, limitant des lames d'air et on les protège à l'extérieur par des volets, à l'intérieur par des rideaux de feutre. Les grands établissements sont éclairés à l'électricité qu'ils produisent en utilisant le moteur de la machine à froid.

Petits locaux réfrigérants. — Les armoires et les meubles frigorifiques

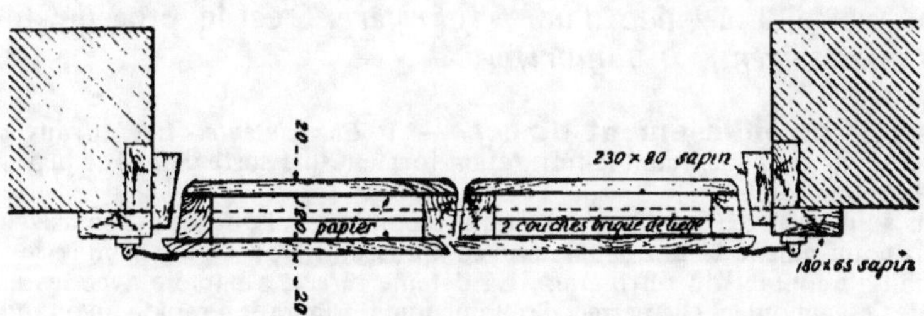

FIG. 53. — COUPE TRANSVERSALE D'UNE PORTE, d'après M. de Loverdo.

sont isolés par une paroi constituée d'un matelas de laine minérale ou de liège granulé compris entre deux cloisons en bois.

Procédés de refroidissement de la chambre froide. —

Les procédés employés pour refroidir la chambre froide sont semblables à ceux que l'on emploierait pour la chauffer. On chauffe une pièce à l'aide de vapeur d'eau ou d'eau chaude qui

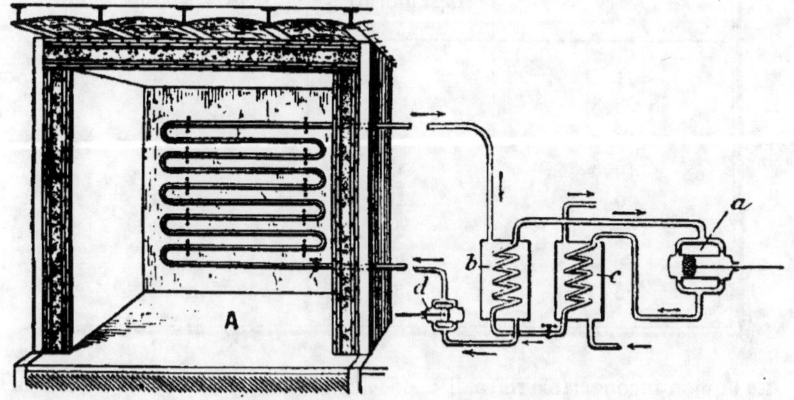

FIG. 54. — A, REFROIDISSEMENT DIRECT D'UNE CHAMBRE FROIDE PAR CIRCULA-
TION DE SAUMURE. — B, DISTRIBUTION DE LA SAUMURE.

a, *Compresseur*; b, *cuve réfrigérante et serpentin réfrigérant*; c, *condenseur*
d, *pompe à saumure.*

circule dans des tubes offrant une grande surface au rayonnement de la chaleur; ou bien on envoie dans la pièce un courant d'air chauffé par un calorifère. De même on refroidit la chambre froide par la *détente directe* du gaz liquéfiable, ou la *circulation d'un liquide incongelable refroidi*, dans les mêmes tubes métalliques qui rayonnent alors du froid, ou pour mieux dire absorbent de la chaleur. C'est le procédé dit par *refroidissement direct*; ou bien on envoie dans la chambre un courant d'air refroidi à l'aide d'un *frigorifère*. C'est le procédé dit : *refroidissement par frigorifère.*

44. Refroidissement direct. — 1° *Par détente.* Les tuyaux de détente du gaz constituant le réfrigérant forment une sorte de gril au plafond de la chambre.

Ils sont reliés à 2 collecteurs, l'un qui reçoit le gaz liquéfié du condenseur, l'autre qui amène le gaz détendu au compresseur. L'air de la chambre se refroidit au contact du réfrigérant. La détente directe s'emploie avec les machines à ammoniac, elle permet d'obtenir une réfrigération rapide qu'on règle à volonté par le robinet de détente. Elle nécessite des joints hermétiques.

2° *Par liquide incongelable* (fig. 52 et 54). — Le réfrigérant est alors immergé dans une cuve dite *cuve réfrigérante*, isolée et contenant une solution incongelable de chlorure de magnésium ou de chlorure de calcium (fig. 43 et 98).

Propriétés de la solution de chlorure de calcium.

DEGRÉS BAUMÉ à 15°	PROPORTION POUR 100 de chlorure.	POINT DE CONGÉLATION en degrés centigrades.
1	1	— 0 5
5,5	5	— 2,4
10	9	— 5 1
15,5	14	—., 9,8
20	18	— 15.2
25	23	— 24,8
30	28	— 39.6
35	33	— 31,8

Le liquide incongelable refroidi à une température de — 5 à — 20 degrés suivant les cas, est refoulé dans des tuyaux métalliques placés au plafond ou sur les parois des chambres froides. Il sort avec une température de 4 à 8 degrés plus élevée. On règle la température de la salle en donnant au courant de saumure une vitesse convenable.

L'air de la salle est en mouvement comme dans une chambre chauffée. L'air froid descend et est remplacé par de l'air plus chaud ; il se produit un brassage qui assure l'uniformité de la température.

L'emploi de liquides incongelables nécessite l'achat d'une cuve réfrigérante, de tuyauterie et de robinets. En outre, quand on laisse la saumure se réchauffer, il faut un temps assez long pour la refroidir. Par contre on ne craint pas les fuites de gaz dans la chambre froide. Enfin le liquide froid emmagasiné dans les tuyaux forme volant et assure la constance de la température pendant les arrêts de la machine.

On utilise en outre dans certains cas la cuve réfrigérante à la fabrication de la glace en plongeant dans la saumure des mouleaux contenant de l'eau pure (fig. 55 et 98).

Le refroidissement direct provoque sur les tuyaux un dépôt de givre. L'atmosphère de la salle se dessèche, en même temps elle se purifie car les cristaux de neige emprisonnent tous les corpuscules en suspension dans l'air. Ce dépôt de givre présente l'inconvénient

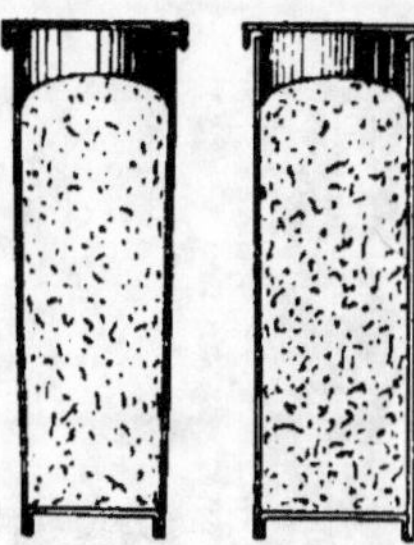

FIG. 55.
MOULEAUX A GLACE.

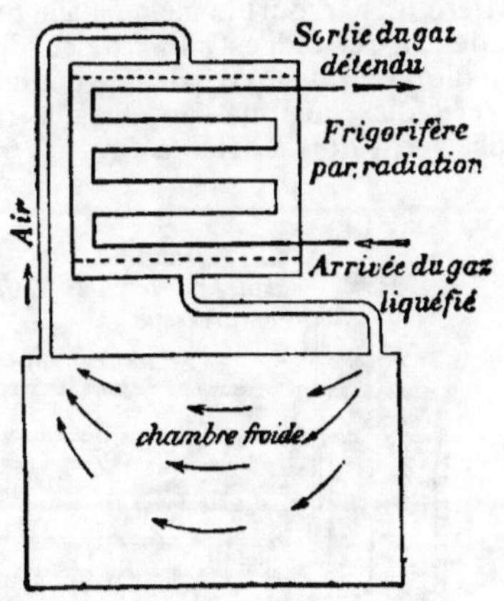

FIG. 56. — CHAMBRE FROIDE
REFROIDIE PAR LA CIRCULATION
NATURELLE DE L'AIR
ET FRIGORIFÈRE PAR RADIATION.

de diminuer la conductibilité du métal. En outre, pendant les arrêts de la machine, la glace fond dans le cas de la réfrigération simple où la température est un peu supérieure a o°. L'atmosphère reprend alors son

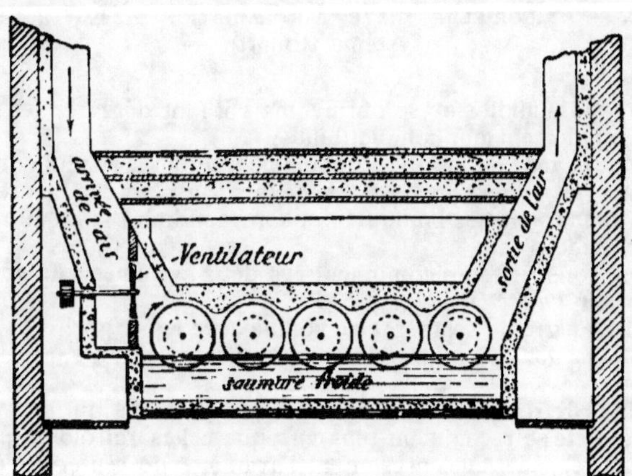

FIG. 57. — FRIGORIFÈRE A RUISSELLEMENT ROTATIF DE LINDE
(figure théorique).

*L'air se refroidit au contact de la saumure qui ruisselle en lames minces
sur des tambours rotatifs.*

humidité aux dépens de la bonne conservation des produits. On pare à ces inconvénients en canalisant l'eau de fusion à l'extérieur de la salle ou en

absorbant l'humidité avec une substance hygroscopique comme le chlorure
de calcium.

45. Refroidissement par frigorifère. — L'air refroidi da ns le frigorifère est envoyé dans la chambre froide. Il s'y réchauffe, puis revient au frigorifère. Il parcourt le même cycle que la solution incongelable. La circulation de l'air refroidi est *naturelle* et l'appareil fonctionne comme un thermosiphon (fig. 56), ou *forcée* par un ventilateur (fig. 57 et 58).

Le refroidissement de l'air dans le frigorifère s'obtient : 1° par le contact avec des serpentins à détente directe: *frigorifère par radiation* (fig. 56). L'air

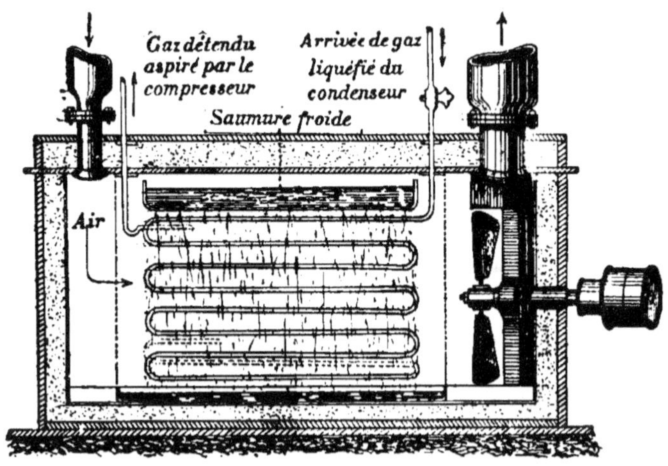

FIG. 58. — FRIGORIFÈRE MIXTE PAR RADIATION ET PAR RUISSELLEMENT
(système Rouart).

abandonne son humidité et se purifie, mais il faut dégivrer les serpentins
qui perdent rapidement leur conductibilité ;

2° Par contact avec la solution incongelable qui tombe en pluie ou s'étale en
lames minces : *frigorifère à ruissellement* (fig. 57). L'air est encore desséché
et purifié. Il abandonne ses impuretés et son humidité à la solution incongelable qui est avide d'eau.

3° Quelques constructeurs combinent ces deux systèmes : *Frigorifère par
radiation et par ruissellement* (fig. 58).

On obtient le degré de température voulue avec les frigorifères en réglant
la circulation des gaz détendus, de la saumure et de l'air, à l'aide de robinets
et de vannes.

Les chambres refroidies par frigorifère comme celles qui sont refroidies
par détente directe se réchauffent plus vite que celles refroidies par circulation de saumure, mais elles présentent l'avantage de renfermer un air pur
et sec.

Refroidissement des petits locaux réfrigérants (fig. 59 et 60). — Les
meubles frigorifères sont refroidis directement. Ils sont pour ainsi dire plongés dans une cuve réfrigérante où la solution incongelable est mise en mouvement par la rotation d'une petite hélice (fig. 98).

Armoires glacières. — Dans les lieux où l'on dispose de glace à bon marché, on enferme les matières à conserver pour une faible durée dans une
armoire glacière (fig. 61).

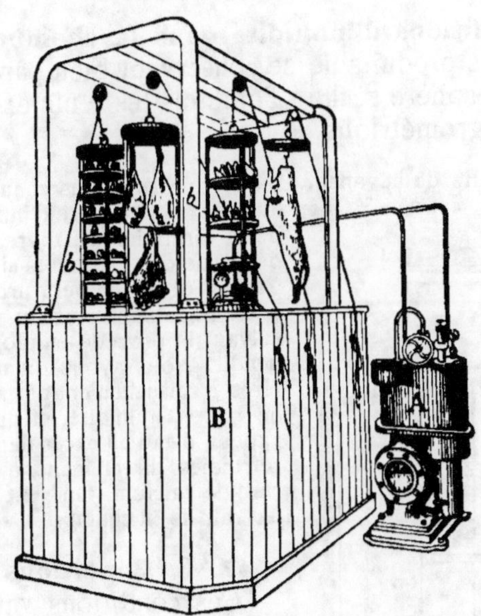

FIG. 59. — FRIGORIFÈRE ALVÉOLAIRE DOUANE POUR LA CONSERVATION
DES FRUITS, DES LÉGUMES, DU BEURRE, DES VOLAILLES, DU GIBIER, ETC.

A, *Machine frigorifique Douane, à chlorure de méthyle;* B, *chambre froide
composée d'alvéoles noyés dans la saumure de la cuve réfrigérante.*

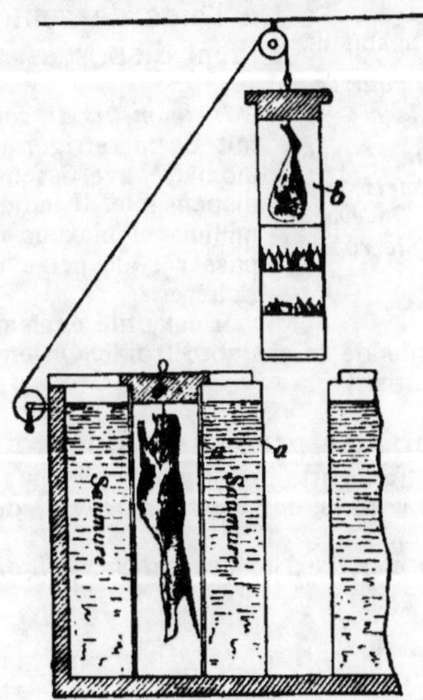

FIG. 60. — COUPE THÉORIQUE DU FRIGORIFÈRE.

a, *Alvéoles;* bb, *paniers que l'on descend dans les alvéoles pour réfrigérer les
substances alimentaires.*

46. 2° **Conditions d'humidité dans la chambre froide**. — En général les produits ne se conservent bien par le froid que dans une atmosphère sèche. Toutefois les œufs exigent un certain degré hygrométrique.

Il existe toujours de la vapeur d'eau dans l'air. Les chambres de congélation sont sèches car à — 3°, il ne subsiste aucune trace d'humidité par suite de la formation de givre. Il n'en est pas de même des chambres simplement réfrigérées, où la température est voisine de + 2°. Elles sont plus ou moins humides, suivant le procédé employé pour les refroidir. Nous avons dit que les frigorifères à ruissellement permettent le mieux de régler l'humidité, et qu'on absorbe la vapeur d'eau en excès dans les chambres refroidies directement, à l'aide du chlorure de calcium. On peut aussi renouveler l'air de la chambre.

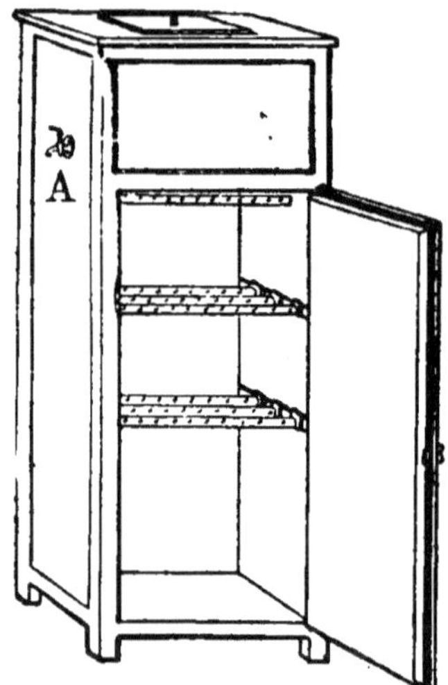

Fig. 61. — Armoire glacière.

A, *Robinet d'évacuation pour l'eau de fusion de la glace.*

On met la glace dans un récipient métallique clos à la partie supérieure de l'armoire. On évacue l'eau de fusion par le robinet de côté.

47. 3° **Conditions d'aération**. — Ces conditions varient avec la nature des produits. La ventilation se fait naturellement avec les frigorifères. Dans les autres cas, on assure le renouvellement de l'air à l'aide de ventouses convenablement disposées.

Instruments de contrôle. — Quand on fait de la réfrigération simple, un thermomètre avertisseur est absolument indispensable. Il indique les températures minima et maxima qu'il ne faut pas dépasser sous peine de voir les produits s'altérer.

Il est utile également d'être renseigné sur l'état hygrométrique de la chambre froide. On emploie à cet usage les hygromètres. (Voir fruitier.)

48. Réfrigération des produits alimentaires pendant les transports. — On transporte les produits alimentaires altérables dans des *wagons simplement ventilés*, des *caisses-glacières*, des *wagons-glacières*, des *wagons frigorifiques.*
Pour le transport sur mer, il existe des *bateaux frigorifiques.*

CONSERVATION PAR LE FROID
DES PRODUITS D'ORIGINE VÉGÉTALE
(FRUITS ET LÉGUMES)

PROCÉDÉS MÉNAGERS ET INDUSTRIELS.

On se propose de conserver des végétaux à l'état frais, c'est-à-dire *vivants*. Il peuvent néanmoins être attaqués par des moisissures, si les conditions de température, d'humidité, d'aération favorables à ces petits organismes se trouvent réalisées.

Nous avons dit qu'une température basse dans une atmosphère sèche, ralentit suffisamment le développement des microbes pour permettre une conservation de quelque durée. Ajoutons qu'une température basse ralentit de la même manière la vitalité des tissus vivants, restreint, d'une part l'évaporation qui flétrit les végétaux séparés de la souche, d'autre part la respiration qui détruit des principes utiles. Pour toutes ces raisons le *froid permet de conserver les végétaux avec leur fraîcheur et leur valeur nutritive.*

CONSERVATION DES FRUITS

Pour conserver utilement les fruits à l'état frais, il faut pouvoir les amener à posséder les qualités qu'on leur désire au moment même où on veut les utiliser. Il est nécessaire pour cela de connaître les phénomènes qui s'accomplissent dans le fruit après la cueillette.

49. Étude de la vie du fruit. — Séparé de la souche, le fruit continue à vivre pendant un certain temps. Il respire, c'est-à-dire absorbe de l'oxygène et rejette du gaz carbonique. En même temps, il achève sa maturation.

Caractères d'un fruit mûr. — D'une manière générale la composition du fruit avant la maturation est caractérisée par l'abondance des *acides* : citrique dans les oranges et les citrons, malique dans la pomme, tartrique dans les raisins, de l'*amidon* dans les poires et les pommes, du *tanin* dans les nèfles et quelques variétés de poires.

La maturation est caractérisée par l'apparition du *sucre* qui se forme aux dépens des acides et de l'amidon. La proportion de sucre augmente graduellement; la proportion des acides et de l'amidon diminue parallèlement.

Théoriquement, le fruit est mûr quand il ne renferme plus d'acides, et qu'il ne fabrique plus de sucre. Pratiquement tous les fruits ne peuvent arriver à maturité sous tous les climats. Le raisin reste acide dans les régions froides, tandis que les pommes et les poires y mûrissent. C'est qu'aux basses températures de l'automne dans le nord de la France, l'acide malique est transformé, tandis que les acides citrique et tartrique résistent. En outre, le fruit est dit mûr quand il répond le mieux aux usages auxquels on le destine. Ainsi on demande aux fruits à pressoir de renfermer une dose d'acidité suffisante.

Beaucoup de fruits de table sont consommés quand ils sont encore plus ou moins acides : oranges, poires. D'autres sont consommés à l'état *blet* : nèfles, certaines variétés de poires.

Blettissement des fruits. — Le blettissement atteint les *fruits charnus* : poires, pommes, nèfles, etc.

Le Dr Gerber considère trois phases dans la vie d'un fruit charnu cueilli avant complète maturation et maintenu à une température suffisante pour mûrir.

PREMIÈRE PHASE. — Le fruit mûrit. L'amidon se transforme en sucre. Les acides sont, en partie brûlés par la respiration, en partie transformés en sucre, le tanin alimente la respiration, sans former de sucre.

DEUXIÈME PHASE. — La respiration achève la combustion du tanin, combustion qui s'opère à toute température. Puis la pectine forme une véritable gelée, imperméable à l'air, autour des cellules, qui d'aérobies deviennent anaérobies et font fermenter le sucre de glucose comme le fait la levure alcoolique. Il y a dégagement abondant de gaz carbonique et formation d'alcool.-

Le fruit devient jaune, tendre et savoureux. C'est à cet état qu'il est généralement consommmé.

TROISIÈME PHASE. — La vie anaérobie se prolonge plus ou moins longtemps suivant les fruits.

Elle aboutit à l'asphyxie et à la mort des tissus. C'est la période du *blettissement*. Le blettissement se propage du centre à la périphérie. Il se distingue nettement de la *pourriture* qui se propage de la périphérie vers le centre. Le blettissement est un état physiologique, la pourriture est un état pathologique dû à des moisissures. Le fruit pourri a une odeur désagréable. La chair du fruit blet est molle et d'une saveur agréable; c'est à cet état qu'on consomme les nèfles et certaines poires.

Conséquence. — De cette étude, il résulte que le froid, en modérant la respiration et la fermentation intra-cellulaire, ralentit la maturation et le blettissement, et permet de donner aux fruits les qualités qu'on leur désire au moment où on veut les consommer. Il suffira en effet, pour parfaire la maturation du fruit conservé, de l'exposer à une température suffisante. Ajoutons que le froid assurera la conservation la plus longue avec les fruits non entièrement mûrs, qui renferment encore des acides, du tanin et de l'amidon. La maturation peut être alors très longue, les acides étant peu ou pas brûlés à basse température.

50. Conditions à réaliser pour conserver les fruits. — 1° *Choix des fruits*. — Il faut s'adresser à des variétés et à des fruits de choix, susceptibles de conservation.

2° *Conditions de milieu*. — *Température*. — D'une façon générale, la température sera *voisine de* 0° et aussi *constante* que possible. Les variations brusques de température amènent des condensations de la vapeur d'eau et rendent possible la germination des spores de moisissures.

Humidité. — L'atmosphère sera sèche, puisque l'humidité de l'air favorise le développement des moisissures. Les fruits pourront se rider, ils n'en seront que plus sucrés. D'ailleurs l'évaporation sera d'autant plus faible que la température sera plus basse.

Aération. — L'atmosphère confinée est favorable aux moisissures. En outre, elle provoque la respiration intra-cellulaire. On aérera donc quand il sera nécessaire, mais avec un air sec et froid en s'efforçant de faire varier aussi peu que possible la température du local. Toutefois les raisins qui ne présentent pas la respiration intra-cellulaire seront avantageusement conservés en atmosphère confinée.

Lumière. — A la lumière vive, les fruits se flétrissent rapidement. On les conserve en général dans l'obscurité.

Asepsie du milieu. — Les locaux seront tenus dans un grand état de propreté, désinfectés, une fois l'an, avant la rentrée des fruits, en pulvérisant sur les parois, le sol, le plafond, le mobilier, une solution de sulfate de cuivre à 5 pour 1000, et en faisant brûler un peu de soufre. De même on se trouvera bien, dans quelques cas, de désinfecter au préalable les fruits en les immergeant dans une solution de formol (voir Antiseptiques) ou en les exposant à l'action du gaz sulfureux.

I. — POIRES ET POMMES

51. Choix et cueillette des fruits. — Les fruits provenant de sols gras et humides, les fruits aqueux, les fruits à peau mince ne se [conservent guère mieux dans des chambres spéciales que dans des magasins ordinaires. On fera donc choix de beaux fruits à peau épaisse, à chair ferme, moyens plutôt que gros et venant de sols sains. Ils seront récoltés par temps sec et froid, et transportés avec beaucoup de soin de façon à éviter les blessures, qui sont autant de portes ouvertes à l'invasion des microbes. On éliminera les fruits véreux ou gâtés qui sont des causes de contagion.

Les *pommes* sont cueillies au moment où les feuilles vont tomber. Elles n'empruntent alors plus rien à l'arbre. Les *poires d'automne* sont « entrecueillies », c'est-à-dire cueillies quand elles sont encore un peu dures. Ce moment est annoncé par la chute des premiers fruits. Les *poires d'hiver* doivent être cueillies quand elles sont bien développées. Elles se détachent alors facilement. Cueillies trop tôt, elles se rideraient; trop tard, elles resteraient fades.

I. Conservation par le froid naturel.

52. Conservation par des procédés économiques. — 1° Si l'on n'a qu'un petit nombre de fruits à conserver on les placera au *sommet d'une armoire dans une chambre non chauffée.*

2° On peut conserver les fruits d'une façon parfaite *en les protégeant à l'aide de corps mauvais conducteurs.* Les balles de céréales, la paille, le sable fin, sont employés avec succès depuis un temps immémorial. Le papier, le coton ouaté, l'ouate de tourbe, le liége granulé sont couramment utilisés aujourd'hui. C'est ainsi que les fruits peuvent être enveloppés isolément d'une feuille d'ouate ou disposés sans qu'ils se touchent, sur de la paille et recouverts d'une feuille d'ouate, de papier, etc. On peut aussi *les plonger dans des substances pulvérulentes* : Les fruits enveloppés de papier de soie sont disposés dans des tonneaux par couches, alternant avec du sable sec bien lavé. Enfin on peut conserver des *pommes en silos.* Dans ce dernier cas les rongeurs sont à craindre (fig. 62).

Conservation des pommes en silo. - Les pommes sèches et bien ressuyées sont mises en silo sur un sol sain. On les dispose, sans qu'elles se touchent, sur des lits de paille parfaitement sèche ou mieux de fougère que l'on a coupée dans son entier développement et fait sécher. On couvre le silo d'une couche de paille ou de fougère de 8 à 10 centimètres, puis d'une couche de terre de 25 à 30 centimètres.

Ces silos peuvent contenir de 1 à 2 hectolitres de pommes.

On les ouvre vers le 15 mars. Les pommes ont conservé leur forme pleine; il suffit de les mettre ensuite au fruitier pour qu'elles perdent de l'eau et acquièrent de la finesse.

53. Conservation dans le fruitier. — Le fruitier est un local qui doit réaliser les conditions nécessaires à la conserva-

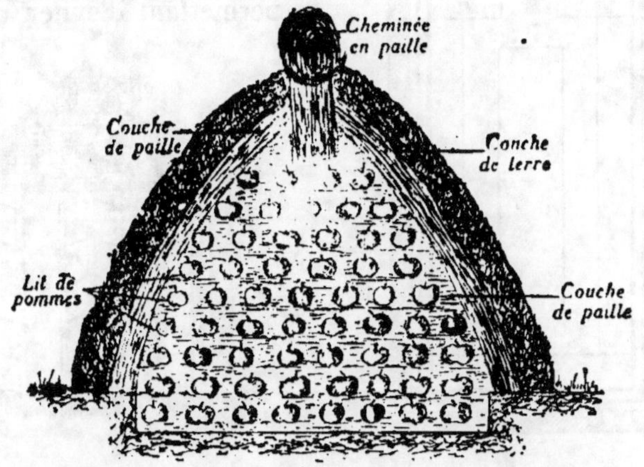

FIG. 62. — CONSERVATION DES POMMES EN SILO.

tion des fruits. Il doit donc être soustrait aux variations de température extérieure pour garder une *température basse et constante*. On peut aménager dans ce but un *cellier* ou un *souterrain sec*, une *chambre exposée au nord* et pourvue de murs épais et de volets.

Construction du fruitier. — Dans les grandes exploitations fruitières, le fruitier sera un *bâtiment spécial*. Il sera édifié d'après les principes suivis dans la construction de la chambre froide. Les mêmes matériaux pourront être employés. On l'installera en rez-de-chaussée, ou en sous-sol plutôt qu'au premier étage, ou bien encore il sera complètement indépendant des lieux habités. Dans tous les cas *on évitera soigneusement l'humidité dans la construction*. Le fruitier sera bâti sur sol sain ou drainé, et protégé du côté du sol par du béton et du ciment. Les parois comprendront de l'extérieur à l'intérieur un mur en moellons de 50 centimètres d'épaisseur, un matelas d'air de 15 centimètres, enfin une paroi isolante composée d'un corps mauvais conducteur : laine minérale, liège granulé, charcoal, etc., compris entre deux cloisons de briques creuses ou de ciment armé. Deux planchers enfermant les mêmes substances constitueront le plafond. Des balles de céréales ou de la paille compléteront l'isolement du côté du toit (fig. 63 et 64).

Le fruitier sera muni de 2 fenêtres doubles s'ouvrant l'une au nord, l'autre au midi; il donnera par une double porte dans une chambre de transition formant sas d'air, permettant d'éviter de brus-

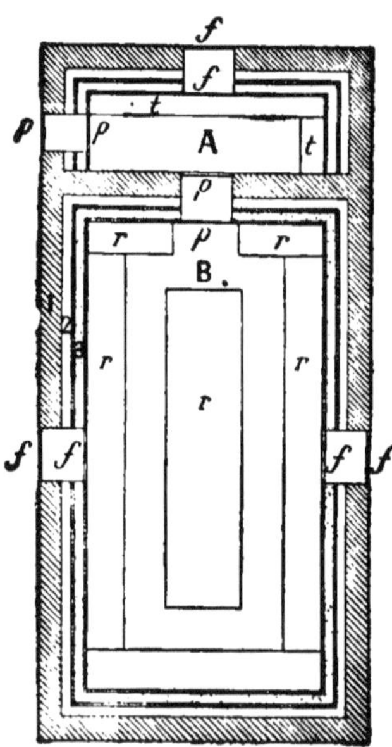

Fig. 63. — Plan d'un fruitier pour fruits a pépins.

A, *Chambre de transition; B, fruitier proprement dit;* pp, *double porte;* ff, *double fenêtre;* 1, *mur de* 0 m. 50; 2, *matelas d'air de* 0 m. 15 *à* 0 m. 25; 3, *paroi isolante,* 0 m. 15 *laine minérale ou* 0 m. 20 *liège granulé enfermés entre deux cloisons en briques creuses ou en ciment armé;* t, *tables de manipulation;* r, *rayons à claire-voie constituant le mobilier du fruitier.*

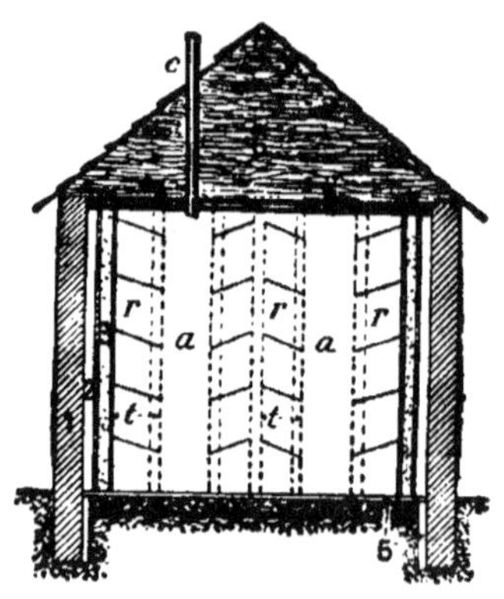

Fig. 64. — Coupe du fruitier précédent.

4, *Béton* 0 m. 25 *à* 0 m. 30; 5, *ciment* 0 m. 03 *à* 0 m. 04; 6, *paille;* a, *allées de* 0 m. 70 *à* 1 m.; t, *travées de rayons de* 0 m. 70; c, *cheminée d'aération.*

ques variations de température lorsqu'on pénètre de l'extérieur dans la chambre de conservation. Elle servira en même temps pour la manipulation des produits. Cette chambre sera éclairée par une fenêtre double, et s'ouvrira à l'extérieur par une double porte. Portes et fenêtres seront munies de bourrelets, et matelassées si l'on craint le froid, à l'aide de paillassons ou de toiles remplies de mousse ou de ouate de tourbe. Enfin on combattra les plus grands froids en allumant un réchaud à alcool ou à pétrole.

Un fruitier bien isolé doit être très frais en été, et en hiver sa température doit se maintenir entre 0 et + 5°.

Pour assurer l'*aération du fruitier*, on ménagera dans le plafond deux cheminées munies d'un double volet, l'un s'ouvrant à l'extérieur, l'autre à l'intérieur et l'on fera des prises d'air dans les parties basses des murs. On combattra l'excès d'*humidité* à l'aide de chlorure de calcium, qu'on dispose dans un entonnoir ou une auge permettant l'écoulement du chlorure dissout. Il suffira d'évaporer ensuite la solution pour réutiliser le chlorure.

L'*état hygrométrique* ou *humidité relative*[1] de l'air ne devra pas dépasser 40 à 50. Un *psychromètre* indiquera à la fois la température et le degré d'humidité; c'est un appareil peu coûteux et d'un usage facile.

Le *psychromètre* (fig. 65) se compose d'un thermomètre ordinaire appelé *thermomètre sec* et d'un autre thermomètre dit *thermomètre mouillé*; le réservoir de ce dernier est constamment mouillé par une mousseline dont une extrémité plonge dans l'eau d'un tube. L'eau monte dans la mousseline comme dans une mèche; son évaporation refroidit le thermomètre mouillé qui indique une température inférieure à celle de l'air. Plus l'air est sec, plus l'évaporation est rapide et plus grande est la différence de température entre les deux thermomètres; ceux-ci n'accusent la même température que si l'air est saturé d'humidité.

Pour trouver l'humidité de l'air, il suffit de faire la lecture des deux thermomètres et de consulter la table. Faisons remarquer que l'état hygrométrique est représenté par un nombre d'autant plus grand que l'air est plus humide. Si l'air est saturé d'humidité, l'état hygrométrique est 100.

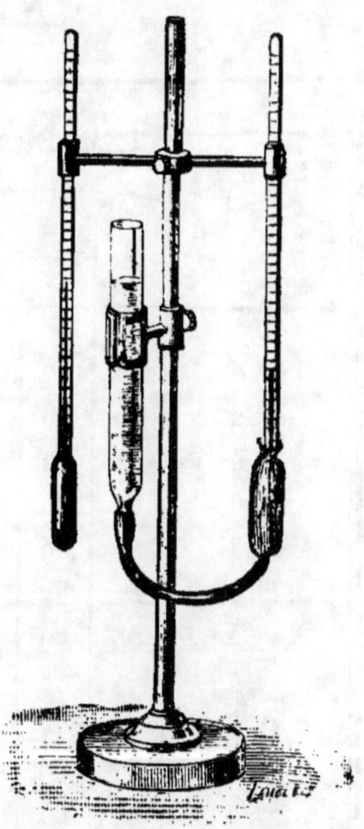

FIG. 65. — PSYCHROMÈTRE.

---

1. *L'état hygrométrique* est le rapport entre le poids de la vapeur d'eau contenue dans un mètre cube d'air et le poids de la vapeur d'eau qu'il y aurait à la même température si l'air était saturé d'humidité. Plus ce rapport est grand, plus l'air est près de son point de saturation et plus les condensations sont à craindre. En effet, la quantité maximum de vapeur d'eau que peut renfermer l'air décroît rapidement quand la température diminue; si la température du fruitier baisse, il peut arriver que l'air soit saturé, l'excès de vapeur d'eau se condense en fines gouttelettes dans lesquelles germent les spores de moisissures. Une élévation brusque de température amène également des condensations. Les fruits n'ont pas le temps de prendre la température ambiante et ils se couvrent de buée comme les bouteilles froides qu'on monte de la cave en été. C'est pourquoi la constance de la température est une condition essentielle à réaliser pour conserver les fruits.

TABLE DU PSYCHROMÈTRE

Indique le degré hygrométrique de l'air dans les fruitiers et les chambres froides.

Différence de température entre le thermomètre sec et le thermomètre mouillé.	TEMPÉRATURE DU THERMOMÈTRE MOUILLÉ										
	0	1	2	3	4	5	6	7	8	9	10
0°,0	100	100	100	100	100	100	100	100	100	100	100
0°,2	96	96	96	97	97	97	97	97	97	97	97
0°,4	92	92	93	93	93	94	94	94	94	95	95
0°,6	88	89	89	90	90	91	91	91	92	92	92
0°,8	85	89	86	87	87	88	88	89	89	90	90
1°,0	81	82	83	84	84	85	85	86	87	87	88
1°,2	78	79	79	80	81	82	83	83	84	85	85
1°,4	74	75	76	77	78	79	80	81	82	82	83
1°,6	71	72	73	74	76	77	77	78	79	80	81
1°,8	67	69	70	71	73	74	75	76	77	78	78
2°,0	64	66	67	69	70	71	72	73	74	75	76
2°,2	61	63	65	66	67	69	70	71	72	73	74
2°,4	58	60	62	63	65	66	68	69	70	71	72
2°,6	55	57	59	61	62	64	65	67	68	69	70
2°,8	52	54	56	58	60	62	63	64	66	67	68
3°,0	49	52	54	56	57	59	61	62	64	65	66
3°,2	47	49	51	53	55	57	59	60	61	63	64
3°,4	44	46	49	51	53	55	56	58	60	61	62
3°,6	41	44	46	49	51	53	54	56	58	59	61
3°,8	39	41	44	46	48	51	53	54	56	57	59

Exemple : Supposons que le thermomètre sec marque 5°,4 et le thermomètre mouillé 2°,6. La différence des températures est 2°,8. La table donne pour cette différence 56, quand la température du thermomètre mouillé est 2° et 58 quand la température du thermomètre mouillé est 3°. L'état hygrométrique de l'air est donc 57.

TABLE DU PSYCHROMÈTRE (*Suite*).

Différence de température entre le thermomètre sec et le thermomètre mouillé.	TEMPÉRATURE DU THERMOMÈTRE MOUILLÉ										
	0	1	2	3	4	5	6	7	8	9	10
4°,0	36	39	42	44	46	48	50	52	54	55	57
4°,2	34	37	39	42	44	46	48	50	52	54	55
4°,4	31	34	37	40	42	44	46	48	50	52	54
4°,6	29	32	35	38	40	42	45	47	48	50	52
4°,8	27	30	33	36	38	41	43	45	47	49	50
5°,0	25	28	31	34	36	39	41	43	45	47	49
5°,2	23	26	29	32	35	37	39	42	44	45	47
5°,4	20	24	27	30	33	35	38	40	42	44	46
5°,6	18	22	25	28	31	34	36	38	40	42	44
5°,8	16	20	23	26	29	32	34	37	39	41	43
6°,0	14	18	21	25	27	30	33	35	37	39	41
6°,2	13	16	20	23	26	29	31	34	36	38	40
6°,4	11	15	18	21	24	27	30	32	34	37	39
6°,6	9	13	16	20	23	26	28	31	33	35	37
6°,8	7	11	15	18	21	2	27	29	32	34	36
7°,0	6	10	13	17	20	23	25	28	30	33	35
7°,2	4	8	12	15	18	21	24	27	29	31	33
7°,4	2	6	10	14	17	20	23	25	28	30	32
7°,6	»	5	9	12	15	19	21	24	26	29	31
7°,8	»	3	7	11	14	17	20	23	25	28	30
8°,0	»	»	6	9	13	16	19	22	24	26	29
8°,2	»	»	4	8	11	15	18	20	22	25	28
8°,4	»	»	3	7	10	13	16	19	22	24	26
8°,6	»	»	»	6	9	12	15	18	21	23	25
8°,8	»	»	»	4	8	11	14	17	20	22	24
9°,0	»	»	»	3	7	10	13	16	18	21	23
9°,2	»	»	»	»	5	9	12	15	17	20	22
9°,4	»	»	»	»	4	8	11	14	16	19	21
9°,6	»	»	»	»	3	7	10	13	15	18	20
10°,0	»	»	»	»	»	2	5	8	11	14	16

Aménagement du fruitier. — L'aménagement du fruitier devra permettre l'emmagasinement du plus grand nombre de fruits dans les meilleures conditions d'hygiène et de surveillance.

Les fruits seront placés sur des rayons à claire-voie, formés de deux petites lattes de bois blanc bien rabottées .et disposés en gradins sur une profondeur de 70 centimètres (fig. 66).

Des allées de 70 centimètres seront suffisantes pour qu'on s'y meuve librement (fig. 64), une petite échelle double permettra de visiter les rayons élevés.

FIG. 66. — RAYONS A CLAIRE-VOIE.

Installation des fruits et soins à donner au fruitier. — Les fruits seront installés dans le fruitier aussitôt après la cueillette. Il n'est pas nécessaire de les faire ressuyer dans une chambre spéciale. Pendant les premiers jours, ils évaporent beaucoup d'eau. Le fruitier sera aéré largement. Peu à peu on établira le régime de température, d'humidité et d'aération, et le fruitier sera clos. Il ne restera plus qu'à maintenir la constance du régime, à enlever les fruits mûrs et ceux qui se gâtent. Les fruits à pépins ne craignent pas l'aération ; les bouches d'air, les cheminées, seront ouvertes ou fermées suivant l'état hygrométrique extérieur, mais on n'aérera, comme nous l'avons dit qu'avec de l'air froid et sec et de manière à ne faire varier qu'aussi peu que possible la température du fruitier.

II. CONSERVATION PAR LE FROID ARTIFICIEL OU RÉFRIGÉRATION DES FRUITS.

54. — La chambre froide réalise toutes les conditions nécessaires à la conservation des fruits. *Pour réussir, il faut amener progressivement les fruits à la température la plus basse de la conservation, et non les refroidir brusquement.*

Pommes. — La pomme est le fruit qui se conserve le mieux par le froid. Les pommes sont rangées dans des boîtes peu profondes, alignées sur les

rayons de la chambre froide qu'on a spécialement aménagée pour cet usage,
La température la plus favorable à la conservation est comprise entre o et + 2°.
Il faut éviter, comme nous l'avons dit, de sortir les pommes, comme d'ail-
leurs tous les produits réfrigérés, directement de la chambre froide.

Poires. — La poire est un fruit plus délicat que la pomme. Il est plus facilement atteint par la pourriture. La manipulation devra être faite avec un
soin minutieux. La réfrigération portera sur les fruits d'automne et d'hiver.
La température convenable varie suivant les variétés et est comprise entre
o et 4 degrés.

Pêches. — La pêche est un des fruits les plus délicats, surtout les bonnes
variétés qui se meurtrissent plus facilement que les pêches de plein vent. En
prenant des précautions minutieuses dans la manutention, on peut conserver
les bonnes variétés deux mois. Il faut cueillir les pêches encore fermes comme
si elles devaient être expédiées avec leur pédoncule et même avec une partie
du rameau. La température de conservation doit être comprise entre
+ 1 et + 4 degrés.

Autres fruits délicats. — L'abricot, moins fragile que la pêche, se conserve dans les mêmes conditions. Les prunes demandent une température
de o degré. D'une manière générale, pour tous les fruits délicats, pêches,
prunes, etc., la réfrigération rend plus de services pour le transport que
pour la conservation en chambre froide.

II. — RAISINS

PROCÉDÉS MÉNAGERS

Procédés de conservation. — Le raisin se conserve *à
rafle sèche* dans les mêmes conditions que les pommes et les
poires, et *à rafle fraîche* en plongeant dans l'eau une partie
du sarment qui porte la grappe. La première méthode est à la
portée de tous et n'exige pas de local particulier. La deuxième
méthode est délicate et ne réussit bien que dans des fruitiers
bien conditionnés. Elle fait l'objet d'une industrie importante
dans différents centres, notamment à Thomery, où elle a pris
naissance.

55. Choix des raisins. — Le raisin est un fruit aqueux, sa
conservation est plus difficile que celle des fruits charnus. La
variété, le climat, le sol, les procédés de culture jouent un
rôle capital. On s'adressera aux variétés à jus riche, à pellicule épaisse, cultivées sur un sol sain et de préférence en espaliers, contre des murs bien exposés. Les ceps âgés donnent
des raisins de qualité supérieure à ceux des jeunes souches.

A Thomery, on conserve surtout le chasselas doré, dit de
Fontainebleau. Il est préparé par des soins minutieux. Le
cisel(ement a pour objet de former de belles grappes, à grains
gros et de même volume. Sans cette opération la grappe serait

compacte et de conservation difficile. En même temps le cisellement active la maturité (fig. 67 et 68).

L'*incision annulaire* « a pour but d'accroître le volume des grains d'un tiers environ, de hâter leur maturité d'une douzaine de jours et d'autre part de parer à la coulure quand

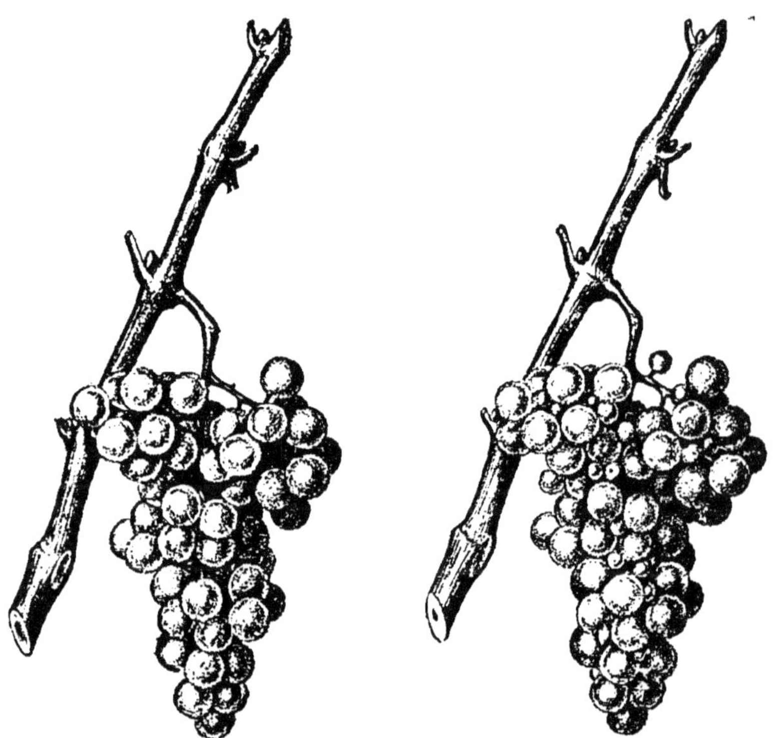

FIG. 67. — GRAPPE CISELÉE.   FIG. 68. — GRAPPE NON CISELÉE.

toutefois elle est exécutée quelques jours avant l'épanouissement des fleurs » [1].

L'*ensachage* protège le raisin contre les dégâts des insectes et des oiseaux, contre les chaleurs d'août et septembre, contre la pluie et la grêle, et leur donne « une coloration, une finesse et une transparence remarquable ». Enfin des *auvents* de planche et de verre fixés sur le chaperon du mur forment des abris mobiles laissant passer la lumière, arrêtant la pluie et la

---

1. François CHARMEUX, *l'Art de conserver le raisin de table.*

grêle. En outre ils améliorent la qualité du fruit, permettent d'obtenir en plus grande quantité 'es raisins de choix qui avant leur emploi se trouvaient seulement sous le chaperon du mur.

56. Récolte des raisins. — Les pommes et les poires achèvent leur maturation dans le fruitier. Il n'en est pas de même du raisin qui doit être cueilli tout à fait mûr. La récolte a lieu au fur et à mesure de la maturation [1].

Ce sont les raisins mûrs cueillis les premiers, et parmi ceux-ci les produits des espaliers âgés, qui se conservent le plus longtemps. On comprend d'après cela l'utilité des pratiques culturales suivies qui avancent l'époque de la maturité et améliorent le raisin.

On choisit pour la cueillette un temps sec et plutôt couvert. On opère avec beaucoup de soin. On se sert de ciseaux ou de sécateurs, évitant de froisser, de piquer les grains et même de les déflorer de la pruine qui les recouvre. Les grappes sont posées délicatement sur des claies ou sur des paniers garnis de paille de seigle et transportées avec précaution. Avant de les installer définitivement pour les conserver, on les épluche soigneusement, enlevant les grains meurtris et pourris.

Suivant le mode de conservation le raisin est coupé avec son pédoncule seul ou avec une partie du sarment. Le sarment est sec-

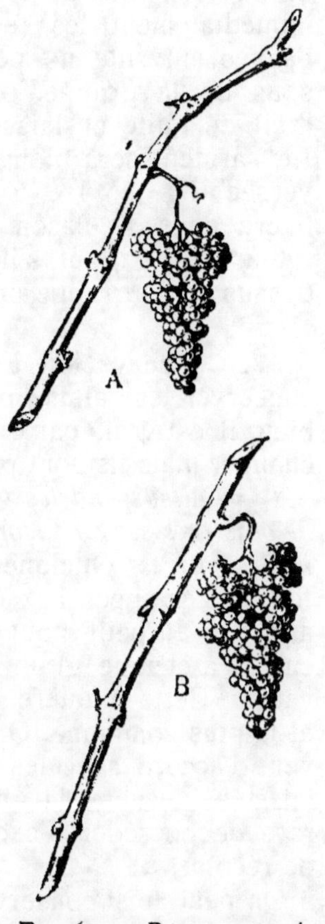

Fig. 69. — Raisins coupés avec une partie du sarment.

A, *Sarment portant deux yeux au-dessous et deux yeux au-dessus de la grappe;* B, *sarment portant seulement trois yeux au-dessus de la grappe.*

---

1. Certains auteurs recommandent de laisser les raisins mûrs le plus longtemps possible sur la souche. M. F. Charmeux recommande au contraire de cueillir les raisins au fur et à mesure de la maturité, ne laissant sur les souches que les grappes destinées à la consommation des mois de novembre et décembre. Il s'appuie sur l'observation suivante : Les raisins rentrés les premiers restent toujours les derniers au fruitier.

tionné de manière à laisser deux ou trois yeux au-dessous et un ou deux yeux au-dessus de la grappe (fig. 69 A). On enlève immédiatement les feuilles. Si la taille de la vigne, pour l'année suivante ne permet pas de laisser deux yeux au-dessous de la grappe, on coupe immédiatement au-dessus de l'œil de taille et laisse deux yeux au-dessus de la grappe. Le sarment sera plongé dans le flacon dans la position renversée (fig. 69 B). Enfin si le sarment est trop court, on le fixera dans le flacon sur un morceau de bois servant de tuteur (fig. 72), et s'il est impossible de laisser un œil au-dessus de la grappe on mastique le sarment avec de la cire.

57. Conservation à rafle sèche. — Il est très facile de conserver les raisins par ce procédé. Les fruits se flétrissent bien, il est vrai, par évaporation, perdent de leur valeur marchande, mais ils sont plus sucrés.

1° « On *suspend les grappes à des cordeaux ou à des gaulettes de bois très sec de façon à ce qu'elles ne se touchent ni les unes ni les autres.* Quelques personnes portent l'attention jusqu'à fixer les grappes aux cordeaux et aux gaulettes avec des fils attachés au petit bout de la grappe. Par ce moyen, elle procurent à chaque grain un isolement précieux pour sa conservation. Cette manière de garder le raisin est la plus simple et la plus commune. Quand les circonstances locales se trouvent d'accord avec les soins du surveillant et que celui-ci ne laisse séjourner à la grappe aucun grain entaché, il n'est pas rare de posséder d'excellents raisins après sept et huit mois de récolte[1] ».

On peut ainsi conserver le raisin dans une pièce quelconque qu'il suffit de préserver d'un froid excessif.

2° *L'isolement des raisins dans des corps mauvais conducteurs*; — papier, coton, ouate, ouate de tourbe, etc., est applicable aux raisins comme aux fruits charnus, pommes et poires. Ainsi, les raisins se conservent parfaitement bien dans une boîte, en les disposant par couches, séparés à l'aide de la ouate de tourbe.

3° *Conservation dans le fruitier.* — Les fruitiers décrits précédemment peuvent être utilisés à la conservation du raisin à rafle sèche. *Ils seront hermétiquement clos une fois pleins.* On s'efforce ainsi d'éviter les variations de température particulièrement funestes à la conservation du raisin. Aussi les

---

1. *Traité* de MM. Chaptal, abbé Rozier, Parmentier, Jussieux.

raisins et les fruits charnus sont disposés dans des chambres distinctes.

Procédés de conservation à rafle sèche dans le fruitier. — Les

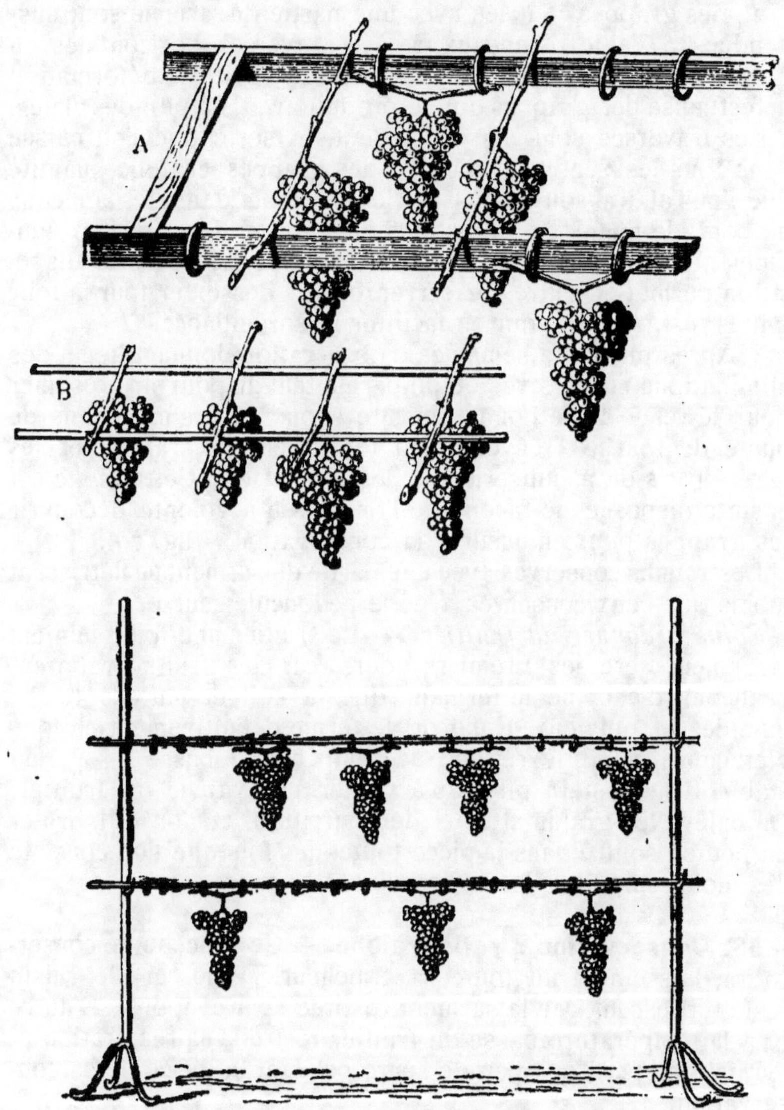

FIG. 70. — SUSPENSION

A, *Système Charmeux* ; B, C, *autres dispositifs.*

raisins sont conservés au fruitier *avec le pédoncule seul* ou bien *avec une partie du sarment* et disposés d'après deux manières.

1° On les étend sans qu'ils se touchent sur des claies tapissées de fougère ou de paille de seigle. Les claies sont superposées sur des étagères et se manœuvrent comme des tiroirs.

2° Les grappes coupées avec une partie du sarment sont suspendues à l'aide d'anneaux à des traverses horizontales en bois. Ce procédé, dû à M. F. Charmeux, évite la déformation défectueuse des grappes qui se produit avec l'emploi des claies. « Les traverses sont disposées de telle sorte que l'on puisse dans tous les sens y suspendre des grappes en telle quantité que l'on voudra, soit en passant les sarments dans les anneaux de bois, de métal ou de caoutchouc, soit en les reposant simplement sur la partie supérieure de ces traverses. Cette disposition permet en outre de serrer ou de desserrer tour à tour toutes ces grappes pour en faciliter la surveillance.

« Après plusieurs semaines d'observation donnant lieu à des éliminations successives et qui permettent de pouvoir présumer pour le reste d'une bonne réussite », on fait des manchons de ouate de tourbe « enveloppant totalement les raisins et les légers bâtis de menuiserie qui les supportent. Cette ouate est ensuite disposée de façon que l'on puisse à volonté découvrir les grappes pour en assurer la conservation » (fig. 70).

Les raisins conservés avec une partie du sarment se flétrissent moins que ceux conservés avec le pédoncule seul.

Soins à donner au fruitier. — Le fruitier une fois plein est largement aéré les premiers jours, car les fruits évaporent beaucoup d'eau, ne le fermant que la nuit et par les temps humides et pluvieux. Enfin on le ferme définitivement et complètement quand le régime de température basse ($+4°$) est établi. Il ne restera plus qu'à veiller à l'hygiène du fruitier. On enlève les grains atteints de pourriture, et l'on fait brûler un peu de soufre dans la pièce toutes les fois que l'on constate des moisissures sur les pédoncules des fruits.

58. Conservation à rafle fraîche. — Ce procédé de conservation laisse au fruit toute sa fraîcheur. D'une part le raisin reste turgescent, car le sarment restitue l'eau évaporée. D'autre part la température basse du fruitier restreint la respiration et le raisin ne perd que peu de sucre pendant la durée de sa conservation.

Ce procédé exige impérieusement des raisins *parfaitement mûrs* et *riches en sucre*. En effet, la respiration brûle du sucre, en outre un raisin incomplètement mûr ne s'améliore pas dans le fruitier, puisque l'acide tartrique n'est pas transformé à basse température. Enfin un raisin aqueux est plus facilement attaqué par les moisissures dans une atmosphère humide et peut contaminer toute la masse.

La *température* devra être assez basse pour restreindre au minimum les échanges gazeux : respiration et vaporisation. Elle sera comprise entre + 2° et + 4°.

La *constance de cette température est une condition essentielle*. La moindre variation amène des condensations capables de provoquer le développement des moisissures. Aussi le fruitier une fois plein est-il parfaitement clos et n'y pénètre-t-on qu'en cas de nécessité absolue. Pour la même raison on remplace les fruits au fur et à mesure de leur enlèvement et l'on complète le vide des flacons avec de l'eau à la température du fruitier : l'eau des flacons et les fruits forment volant de température en vertu de leur grande capacité calorifique. De même le fruitier sera parfaitement isolé. On se trouvera bien de cimenter intérieurement les murs d'enceinte du fruitier que nous avons décrit et d'édifier au milieu la chambre de conservation au moyen de parois isolantes ménageant ainsi tout autour un couloir formant chambre de transition (fig. 71).

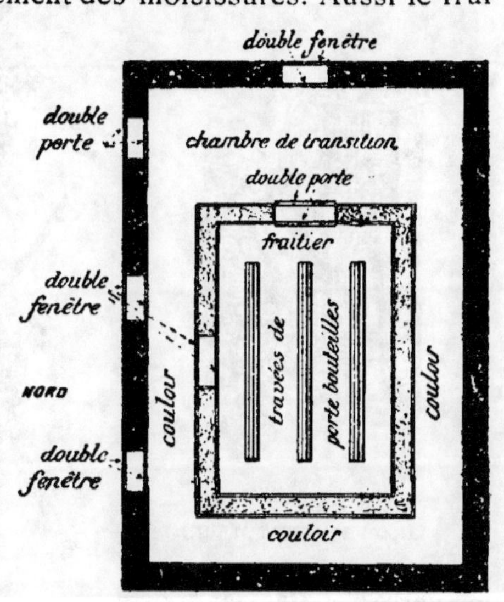

Fig. 71. — PLAN D'UN FRUITIER POUR LA CONSERVATION DES RAISINS A RAFLE FRAICHE.

On absorbe l'excès d'*humidité* à l'aide du chlorure de calcium. Si l'on ne prenait pas cette précaution, l'atmosphère confinée du fruitier ne tarderait pas à être saturée. D'ailleurs, l'évaporation est très faible à la température basse de la conservation.

Nous avons dit qu'on devait faire l'*obscurité*. La privation de lumière amène l'étiolement, c'est-à-dire le jaunissement des parties vertes des plantes. Les raisins cueillis mûrs avec une pellicule encore un peu verte prendront une coloration jaune recherchée. Une obscurité constante et complète n'est pas à conseiller avec des raisins trop dorés, dont la pellicule très fragile pourrait céder.

Aménagement du fruitier. — Les sarments sont placés dans des flacons cylindriques fixés généralement de part et d'autre de supports en bois. Les flacons sont inclinés et chacun d'eux porte 1, 2 ou 3 sarments disposés de manière que les grappes n'aient aucun contact entre elles ni avec

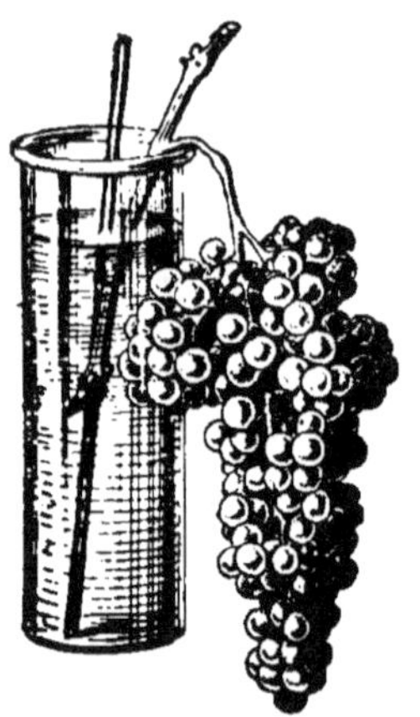

FIG. 72.
GRAPPE AVEC TUTEUR.

le verre et les supports (fig. 72 à 74).

Les attaches du flacon sont en général en fil de fer galvanisé, mais le métal a l'inconvénient d'être bon

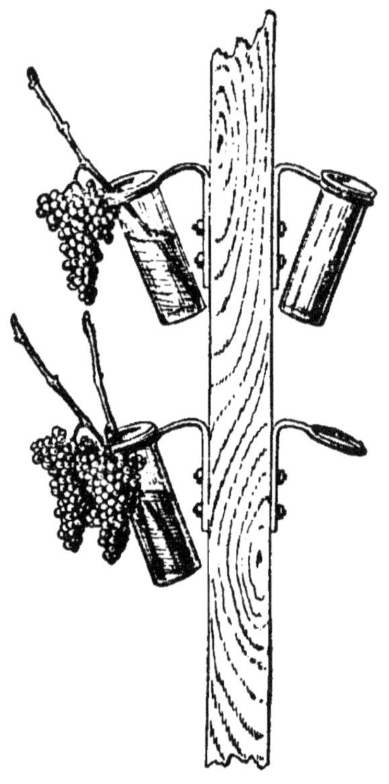

FIG. 73.
PORTE-BOUTEILLES VERTICAL.

conducteur de la chaleur. En cas de condensation, il se recouvre de gouttelettes d'eau qui tombent sur les grappes inférieures. M. F. Charmeux recommande l'emploi de bagues en caoutchouc. Ce corps est mauvais conducteur, permet de fixer le flacon à la hauteur voulue et de l'incliner à volonté (fig. 74).

Les porte-bouteilles sont verticaux (fig. 73) et disposés en travées parallèles, ou horizontaux et superposés à une distance de 35 centimètres les uns des autres formant des châssis verticaux (fig. 74 à 76). Les travées sont suffisamment espacées pour qu'on se meuve librement dans le fruitier (fig. 71).

Enfin il est facile de construire des appareils portatifs, qu'on disposera dans une chambre aménagée pour conserver une petite quantité de raisin (fig. 77).

Préparation du fruitie . — Les fla-cons ont été net-toyés après l'en-lèvement des rai-sins et renversés sur leurs supports pour éviter les poussières. Un mois avant la ren-trée de la nouvelle récolte, on nettoie soigneusement le fruitier, on le dés-infecte en faisant

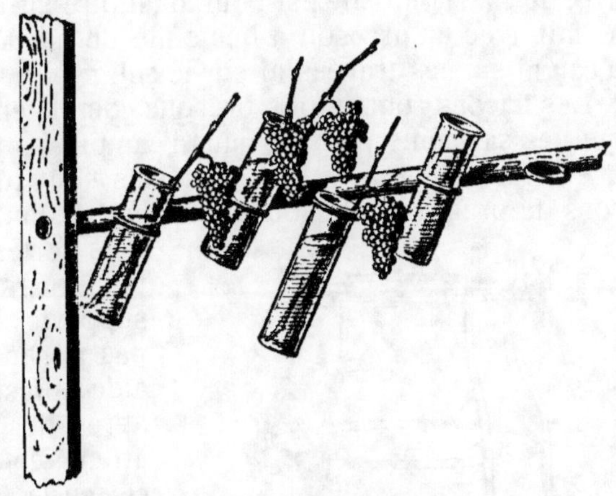

FIG. 74. — PORTE BOUTEILLES HORIZONTAL.

brûler du soufre, vérifie l'herméticité des ouvertures.

Quinze jours avant la récolte on procède au remplissage des

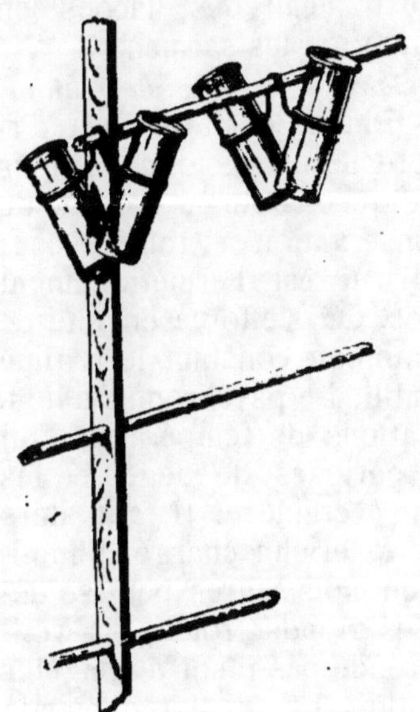

FIG. 75. — PORTE-BOUTEILLES
HORIZONTAL.

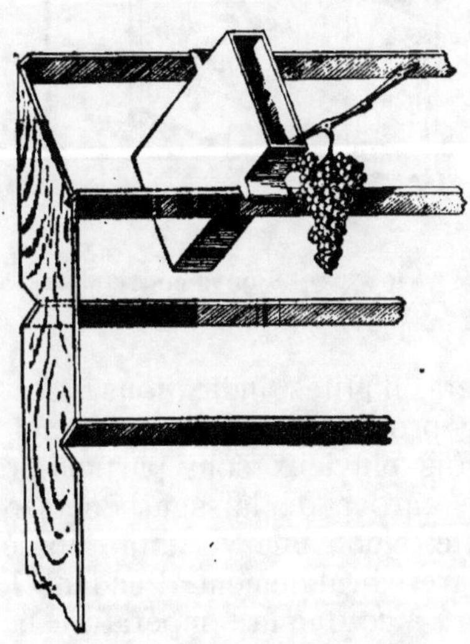

FIG. 76. — PORTE-BOUTEILLES
D'AMATEUR
AVEC FLACONS PRISMATIQUES.

flacons. On conseille de mettre un morceau de charbon de bois dans l'eau pour éviter sa putréfaction. A Thomery, on utilise simplement de l'eau de pluie qui a séjourné dans un réservoir avec du charbon. Elle est pour ainsi dire filtrée. Le remplissage se fait avec un arrosoir à bec effilé de manière à ne renverser d'eau ni sur les travées ni sur le sol.

Les flacons sont emplis presque complètement sans toutefois que les sarments plongés dans l'eau puissent la faire déborder.

Placement du raisin. — Les raisins sont placés dans les flacons de préférence le soir et pendant la nuit. Les grappes les plus fortes, les sarments les plus longs, sont réservés aux supports élevés afin de ne pas gêner la circulation. Un aide présente les grappes après les avoir examinées attentivement, retranchant au ciseau les grains froissés, éliminant les grappes douteuses. L'ouvrier qui met en bouteilles isole soigneusement les grappes et évite de faire sortir l'eau des flacons en enfonçant les sarments.

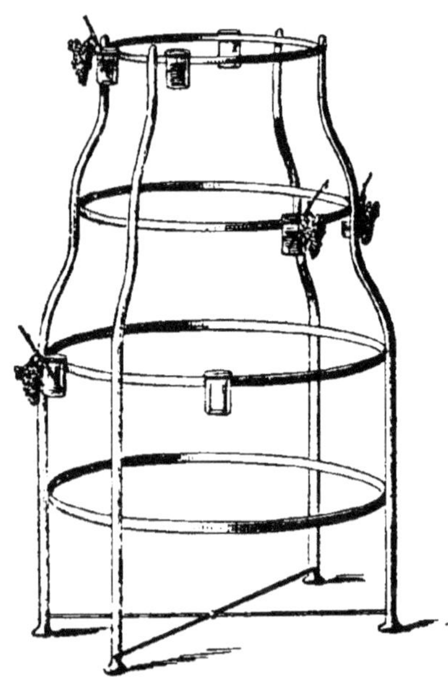

FIG. 77. — PORTE-BOUTEILLES PORTATIF.

Soins à donner au fruitier. — Plein, le fruitier est d'abord aéré, dans les conditions indiquées pour le procédé de conservation à rafle sèche; puis il est hermétiquement clos. On s'efforce ensuite de maintenir constant le régime établi. Le psychromètre donnera d'utiles indications. Les variations de température qui se produisent surtout pendant les périodes de dégel et les mois pluvieux sont particulièrement à craindre. Il faut alors se garder de laisser pénétrer l'air extérieur chargé d'humidité. sinon une véritable épidémie de moisissures peut se déclarer brutalement. Pendant les plus grands froids, on veillera à ce que la température ne descende pas jusqu'à congeler l'eau des flacons et amener leur rupture. Le fruitier demande des. soins constants. Il faut enlever les grains altérés, les grappes destinées à la vente, remettre de l'eau dans les flacons. Si les moisissures menacent d'envahir le fruitier on les détruit en brûlant du soufre.

Les raisins de choix, cueillis mûrs les premiers, sont, avons-nous dit, de conservation tardive. Ils sont placés, à Thomery, dans les fruitiers les mieux conditionnés en rez-de-chaussée ou en sous-sol. Le reste de la récolte est mis dans les fruitiers aménagés dans les étages, voire même dans le grenier. Ces fruitiers secondaires peuvent être éclairés sans être aérés ; ils demandent, en effet, une surveillance constante. Ils fournissent les raisins qu'on écoule dans les premiers mois d'hiver. On y choisit également les grappes destinées à remplacer celles qui ont pu être enlevées dans les fruitiers aménagés pour une longue conservation.

59. Conservation des raisins sur la souche. — On peut conserver les raisins sur place. Il suffit de mettre les grappes en sacs aussitôt après la floraison et de les laisser en cet état jusqu'à la cueillette. On peut aussi pratiquer le ciselement des grappes, quand les plus gros grains auront la grosseur d'un petit pois, et mettre aussitôt en sacs. On emploie des sacs en papier paraffiné présentant à la partie inférieure des trous pour l'aération. Il est bon de désinfecter les sacs avec une solution de permanganate de potasse à 3 pour 1000. Les grappes ainsi traitées ne sont pas atteintes par les maladies cryptogamiques. On peut les laisser sur les ceps jusqu'en décembre et même plus tard s'il ne survient pas de trop grands froids. Elles peuvent supporter une température de — 4° à — 5°.

CONSERVATION DES LÉGUMES

Le froid conserve les légumes comme les fruits avec leur fraîcheur et leur valeur nutritive en diminuant les échanges gazeux : respiration et vaporisation. Il est de connaissance vulgaire que les navets, les carottes, les pommes de terre perdent beaucoup de leur poids et de leurs qualités alimentaires en caves chaudes. Ces légumes peuvent même émettre des pousses formées aux dépens de leurs principes nutritifs. Toutefois la température de conservation ne doit pas descendre jusqu'à provoquer des altérations dans les tissus.

60. Conservation par le froid naturel. Procédés ménagers. — D'une façon générale, les légumes frais sont, suivant leur nature, conservés : 1° *sur place* ; 2° *en caves* ou *celliers* ; 3° *en silos*.

1° **Conservation sur place.** — C'est le meilleur procédé. Il suffit de protéger les légumes contre les gelées. On craint seulement les attaques des rongeurs.

Les *salades* : chicorées, scaroles, *en planches*, sont recouvertes de feuilles sèches ou mieux de vieux sacs et de paillassons. Elles deviennent blanches. On les découvre de temps en temps en profitant d'une belle journée.

Un autre procédé recommandable[1] est de déplanter les salades avec les mottes et de les mettre en tranchées dans un sol sain (fig. 78).

Les *choux* sont inclinés sur place, la tête tournée vers le nord pour éviter les dégels brusques qui sont plus préjudi-

FIG. 78. — COUPE TRANSVERSALE D'UN FOSSÉ POUR LA CONSERVATION DES CHICORÉES ET DES SCAROLES.

ciables aux légumes que les gelées. Les choux peuvent aussi être déplantés et couchés tête au nord en jauge sur plusieurs rangées. Les *poireaux*, les *salsifis*, les *scorsonères* ne craignent pas le froid. On les recouvre de feuilles pour permettre l'arrachage pendant les grands froids. Les poireaux peuvent être également mis en jauge sur place.

Les *carottes*, les *navets* sont protégés avec des balles de céréales. Les *choux-raves* peuvent être buttés. Les *pommes de terre*, plantées en arrière-saison pour la production des jeunes tubercules pendant l'hiver, sont protégées à l'aide de feuilles sèches.

2° **Conservation en cave ou en cellier** (fig. 79). — La conservation en cave ou en cellier n'est possible que si le local est sain et peut être aéré. Dans un cellier trop chaud, les légumes se dessèchent; dans un cellier humide, ils pourrissent.

Les *salades* sont portées à la cave avec la motte et disposées en planches côte à côte, « à touche-touche ». Les *choux* sont

---

1. A. OGER, chef de pratique horticole à l'École d'agriculture de l'Allier.

mis en meules. Les *carottes*, les *betteraves potagères*, les *pommes de terre*, les *navets* sont mis en tas et recouverts de

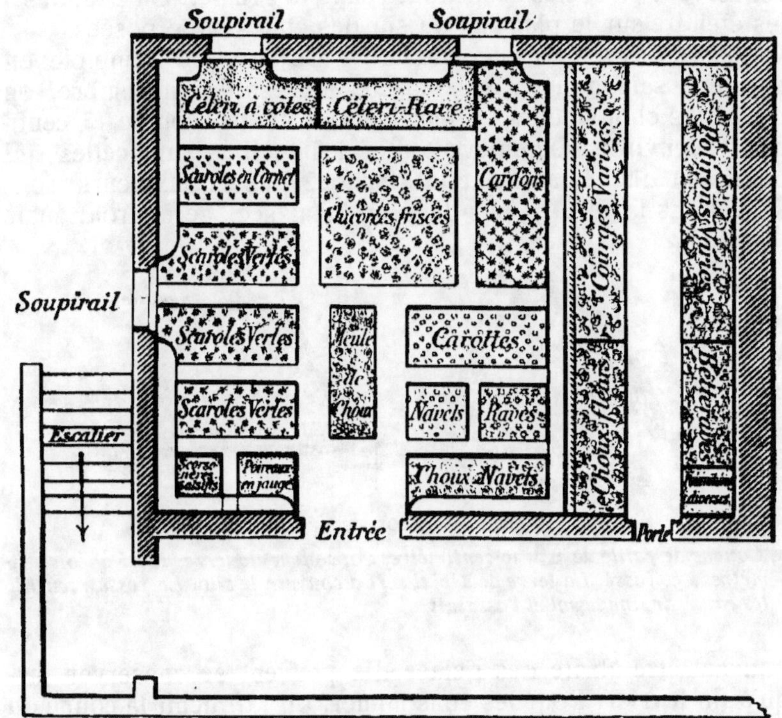

Fig. 79. — Plan d'une cave a légumes a l'école d'agriculture de Gennetines (Allier).

paille. Un excellent procédé consiste aussi à les mettre en tas avec du sable sec qui remplit les interstices.

Les *céleris à côte* et *à rave* sont mis debout en jauge avec la motte.

Les *courges* : potirons, citrouilles, se conservent sur de la paille ou des planches, en cave, cellier ou dans un local quelconque, pourvu qu'il soit *bien aéré, sec* et qu'il puisse être *soigneusement protégé contre la gelée.*

3° **Conservation en silo**. — On conserve ainsi les *betteraves potagères*, les *choux-navets*, *pommes de terre*, *carottes*, etc. On en fait des tas plutôt petits que gros qu'on protège avec de la paille recouverte de terre. On constitue avec de la paille une cheminée d'aération (fig. 80).

Les mêmes légumes se conservent parfaitement en stratification dans le sable sec, sous un hangar.

Conservation des bulbes. — L'*oignon*, l'*ail*, l'*échalote* se conservent en bottes suspendues dans le grenier. On peut aussi les étendre sur le plancher ou sur des claies superposées.

Conservation des choux-fleurs. — Ce procédé s'emploie en dernière saison avec des variétés dures. Fin novembre, on coupe les choux-fleurs en leur laissant un tronçon de 15 centimètres environ. On enlève toutes les feuilles sauf celles qui entourent immédiatement la pomme. Les choux-fleurs sont suspendus la tête en bas dans un local sec, aéré, froid· mais

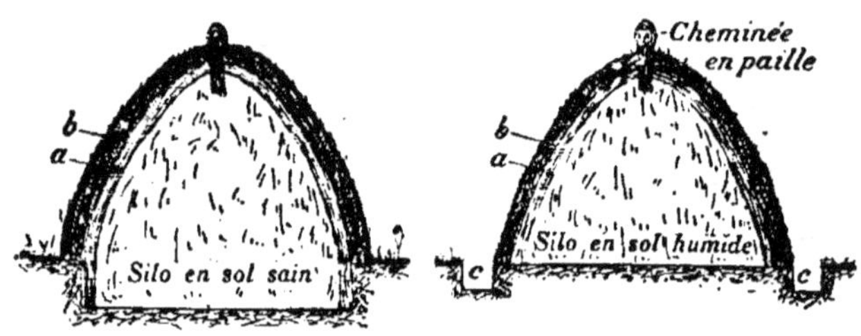

FIG. 80. — SILOS DE LÉGUMES.

a, *Couche de paille de 8 à 10 centimètres :* b, *couche de terre de 25 à 30 centimètres ;* c, *fossé. La terre de déblai sert à couvrir le silo. Le fossé recueille les eaux, draine le sol et l'assainit.*

pouvant être abrité des gelées. Ils peuvent se conserver jusqu'à fin février. Pour les consommer, on rafraîchit la coupe du tronçon, on fait quelques incisions et on le fait tremper dans l'eau en protégeant la tête. Après 24 heures, les pommes ont recouvré une partie de leur fermeté.

61. Conservation par le froid artificiel. — En France, on ne conserve généralement pas les légumes par le froid artificiel. En Amérique, où il existe de vastes établissements frigorifiques, on y conserve tous les légumes et notamment les choux et les oignons. Les frais de magasinage sont peu élevés.

On pourrait avantageusement conserver dans les chambres froides des tomates à chair ferme et peu juteuse, pendant 2 mois, à la température de 0 degré.

CHAPITRE III

CONSERVATION PAR LE FROID DES ALIMENTS D'ORIGINE ANIMALE

PROCÉDÉS MÉNAGERS ET INDUSTRIELS

Les aliments d'origine animale sont des tissus morts, le froid en assure la conservation en empêchant *leur décomposition*.

62. Viande. — La viande est *réfrigérée* ou *congelée*, réfrigérée quand il s'agit de la conserver quelques jours, congelée quand on se propose de la conserver plusieurs mois.

Réfrigération. — La viande se conserve naturellement par les températures froides de l'hiver. En toute autre saison et quand on dispose de glace on conserve la viande destinée aux usages domestiques dans une armoire glacière. L'atmosphère y est très humide, car la viande perd de l'eau par évaporation ; aussi ne peut-elle s'y conserver plus de deux jours pendan les grandes chaleurs.

Cet inconvénient est plus manifeste encore quand la viande est simplement refroidie par le contact direct de la glace.

Réfrigération mécanique et conservation industrielle. — La réfrigération mécanique est pratiquée dans les halles, les marchés, les abattoirs, les boucheries. Disons simplement que la température de réfrigération + 3 degrés ne modifie pas la texture des fibres musculaires, mais donne de la saveur à la viande qui, fraîchement abattue, est dure et fade. La ventilation avec de l'air froid pur et sec dessèche la partie superficielle des viandes, aussi celles-ci peuvent-elles se conserver trois ou quatre jours sans se corrompre au sortir de la chambre froide.

La réfrigération mécanique de la viande pendant les mois chauds présente un grand intérêt au point de vue hygiénique, commercial et militaire.

Congélation. — Les viandes congelées à — 20° sont maintenues à la température de — 4 degrés à — 5 degrés. Elles forment des blocs durs. Cette opération se pratique dans les pays où le bétail ne trouve pas de débouchés. Les bœufs en quartiers et les moutons entiers sont transportés, par bateaux frigorifiques, sur les marchés européens. Quoique l'emploi des températures inférieures à o degré modifie la structure des fibres musculaires, la viande congelée présente la même valeur alimentaire que la viande fraîche : elle doit être décongelée lentement dans un courant d'air sec en évitant toute condensation à la surface sous forme de givre ou de rosée.

63. Œufs. — L'œuf fraîchement pondu ne renferme généralement pas de microbes[1]. Sa conservation serait indéfinie si la

---

1. Il arrive toutefois que l'œuf soit contaminé dans la poule. M. Gayon a montré que l'infection pouvait avoir lieu dans l'oviducte de la poule.

7

coque n'était criblée de pores qui la rendent perméable à l'air à la vapeur d'eau et aux ferments. Puisque les œufs sont sus ceptibles de fermentation il est possible de les conserver par le froid.

La réfrigération des œufs présente quelques difficultés. Si l'air est sec l'œuf évapore de l'eau, le volume de la chambre à air augmente. Si l'œuf est immobile, le jaune s'applique sur la coquille. Si l'air est humide ou si la température est variable et amène des condensations, des moisissures blanches se développent sur la coquille et donnent à l'œuf un goût fort. Pour assurer la conservation des œufs par réfrigération, il faut réaliser certaines condi tions.

Choix des œufs. — On choisira les œufs de printemps. Ils sont abondants, peu coûteux, et ont plus de qualité. On récoltera les œufs fraîchement pondus, dans un grand état de propreté, non fécondés de préférence. Dans tous les cas, les produits d'une poule bien portante, bien nourrie, placée dans de bonnes conditions d'hygiène, se conserveront mieux que ceux d'une poule mal nourrie et mal soignée.

Les œufs sont conservés dans un local à température fraîche en attendant l'installation dans la chambre froide.

Les œufs sont ensuite *classés* d'après la grosseur et *mirés*[1] afin d'éliminer les œufs altérés et ceux des œufs fécondés qui ont subi un commencement d'évolution du germe. Dans les entrepôts importants, le classement et le mirage se font mécaniquement. Ils sont placés dans les caisses mêmes qui servent à l'expédition. Ils absorbent facilement les odeurs. L'emballage se fait avec des balles de millet, ou de froment, de préférence à la paille et au foin.

Température et humidité. — La température la plus propice à la conservation est de — 1 degré[2]. Les œufs ne sont pas exposés brusquement à cette température basse. On les laisse séjourner quelque temps dans la chambre de transition avant de les introduire dans la chambre froide. On entretiendra une température aussi constante que possible. On empêche ainsi les condensations d'humidité sur les coques et on assure facilement un degré hygrométrique suffisamment élevé pour éviter que l'œuf ne se vide par évaporation. L'humidité relative de l'air doit être comprise entre 75 et 80.

Aussi le meilleur système employé pour refroidir le local est un système mixte, par frigorifère et circulation de liquide incongelable, qui permet d'obtenir : 1° une température constante, malgré l'arrêt de la machine ; 2° un froid uniforme dans toutes les parties de la pièce ; 3° un degré hygrométrique convenable.

Pour éviter l'adhérence du jaune à la coquille pendant la durée de la conservation, il faut retourner les œufs fréquemment, au moins deux fois par semaine. Enfin, il faut laisser les œufs pendant deux jours dans leurs caisses

---

1. Le mirage se fait en plaçant l'œuf entre l'œil et une lampe allumée. Dans l'industrie, on utilise la lumière électrique. Le contenu de l'œuf doit être transparent et fluide. Le moindre trouble est un signe d'altération. Dans les vieux œufs, la chambre à air est grande par suite de l'évaporation d'une partie du liquide intérieur.

2. Les œufs gèlent s'ils subissent plusieurs jours une température voisine de — 3°, quelques-uns se fendent. Quand l'œuf est décongelé, le blanc reprend sa consistance normale, mais le jaune ressemble à une boule de caoutchouc, cède à la pression sans crever et ne peut être battu.

au sortir de la chambre froide, avant de les exposer au contact de l'air. Ils prennent ainsi peu à peu la température ambiante.

Conservation des œufs cassés en bidons. — Les œufs débarrassés de leur coquille sont conservés dans des bidons réfrigérés. Ils sont employés par la pâtisserie.

64. Conservation par le froid des œufs pour la consommation ménagère. — La ménagère peut conserver des œufs parfaitement sains pour l'hiver sans appareil frigorifique.

Elle s'adressera de préférence aux œufs pondus en août et septembre. La proportion d'œufs non fécondés est plus grande à cette époque, car les coqs sont fatigués par les accouplements de printemps. Elle récoltera les œufs dans un grand état de propreté et les maintiendra à une température aussi basse et aussi constante que possible en les isolant à la manière des fruits. Pour cela les œufs seront enfermés dans des caisses contenant des balles de millet, d'avoine, de froment, etc.. ou seront placés entre des feuilles de ouate ou des étoffes de laine et conservés dans des placards en des chambres sèches et froides.

65. Poisson. — Le poisson s'altère très rapidement pendant l'été ; vidé immédiatement après sa prise et mis en lieu frais, il ne se conserve guère que quelques heures. Dans la glace, il peut se conserver deux jours. Le froid humide nuit moins à la qualité du poisson qu'à celle de la viande.

Le poisson, quand il est congelé, se conserve remarquablement bien pendant quelques mois. La congélation s'obtient tout naturellement dans les pays septentrionaux. Sous les climats tempérés, on a recours au froid artificiel, produit par un mélange réfrigérant ou une machine à froid. L'opération se pratique à l'étranger, en Amérique, par exemple, où l'on congèle et expédie les saumons des grands lacs.

66. Volailles. — Les volailles peuvent être, comme la viande de boucherie, réfrigérées et congelées.

Dans une armoire glacière, les volailles réfrigérées ne se conservent guère que deux ou trois jours. Elles se décomposent rapidement dès qu'elles en sont sorties. Réfrigérées dans une chambre froide à la température + 1 degré, elles peuvent s'y conserver quinze à vingt jours.

La congélation des volailles, comme celle de la viande, n'est employée qu'à l'étranger et n'a pas d'intérêt pour la France.

67. Gibier. — La réfrigération et la congélation du gibier en augmentent les qualités organoleptiques. La réfrigération se fait à la température de + 2 à + 3 degrés.

L'étranger congèle des faisans, des bécasses, des lièvres qui sont parfaitement acceptés sur le marché de Paris.

La congélation présenterait un intérêt en France pour prolonger la consommation du gibier pendant la fermeture de la chasse, si la loi en autorisait la circulation et la vente.

La congélation se pratique sur le gibier non plumé, non dépouillé et non vidé. Elle doit être rapide pour éviter que les fermentations ne se développent dans les parties profondes. Le gibier est exposé pendant plusieurs heures à — 20 degrés, puis est porté congelé dans des chambres de conservation à — 6 degrés.

68. Lait. — En amenant le lait à la température de 10 à 12 degrés, immédiatement après la traite, et en le maintenant ensuite à cette température, on peut le conserver pendant 12 à 15 heures. Si l'opération est pratiquée, après pasteurisation, la durée de conservation est de 30 à 36 heures.   •

Quand on dispose *d'eau fraîche*, on refroidit le lait après la traite ou la pasteurisation dans des *réfrigérants*[1] spéciaux, puis on le met dans des récipients en cave fraîche ou dans l'eau froide à une température n'excédant pas 12 degrés.

Dans les laiteries importantes, on utilise le *froid artificiel* qui permet de maintenir le lait à une température voisine de o degré, et de le conserver deux fois plus longtemps qu'à la température de 12 degrés. La durée de conservation est limitée par la montée de la crème ; l'agitation qui pourrait entraver le phénomène effectue un véritable barattage.

On refroidit rapidement le lait en plongeant dans les récipients qui le contiennent des *radiateurs* formés de serpentins à spires rapprochées, traversés par un courant de saumure à — 3 ou — 4.

Le lait peut être ensuite placé dans les chambres froides, on peut encore le tenir à basse température dans des vases baignant dans un bac d'eau douce refroidie par des radiateurs (fig. 98).

Pour conserver le lait très longtemps à l'état frais il faut le congeler ; ce procédé est obligatoire quand on veut transporter le lait cru à de grandes distances. Généralement, aussitôt après la traite, on congèle en blocs de 10 à 15 kilos environ le quart du lait à conserver. On met le tout dans des récipients de 500 litres. Les blocs qui sont très friables ne tardent pas à se diviser en menus morceaux qui forment une couche de glaçons à la surface du lait. La fusion entretient constamment un léger brassage de toute la masse liquide, empêche la crème de monter et assure une température basse et uniforme. Quand on veut utiliser le lait, on verse le contenu d'un réservoir dans une cuve et on provoque un dégel lent à l'aide d'un serpentin en cuivre étamé, traversé par un courant d'eau tiède.

Conservation du lait pendant les transports. — Quand le transport est de faible durée, il suffit de refroidir le lait au départ et, si le transport a lieu par chemin de fer, on utilise les wagons ventilés.

Pour un transport de longue durée, on utilise des bidons renfermant des manchons remplis de glace. On emploie pour la livraison des voitures glacières.

Si le transport est très long, on congèle le lait en totalité ou en partie. Les réservoirs simplement isolés dans de la paille peuvent être transportés dans des wagons ordinaires.

---

1. Voir *Laiterie* (Encyclopédie agricole. pratique).

TROISIÈME PARTIE

CONSERVATION PAR DESSICCATION

69. Principe de la conservation par dessiccation. — L'eau est un agent de propagation des microbes. Elle est en outre indispensable à leur développement. Il suffit donc de réduire la teneur en eau des matières alimentaires pour empêcher leur fermentation. La vitalité des microbes est ralentie, quand le taux d'humidité n'est plus que de 25 pour 100. Il faut en général descendre jusqu'au taux de 14 à 16 pour 100 qui est celui des graines sèches, des pailles et des foins.

CHAPITRE I

PROCÉDÉS PRIMITIFS DE DESSICCATION

Les procédés primitifs consistent à imiter la nature, c'est-à-dire à utiliser la chaleur du soleil. On accélère dans quelques cas l'opération en exposant les produits dans le four à cuire le pain.

70. Dessiccation des légumes. — *Haricots verts.* — On les blanchit légèrement dans l'eau bouillante et on les fait égoutter. Si le temps est chaud et sec, on les étend sur des claies, à l'ombre. Si le temps est froid et humide, on les sèche au four, après la sortie du pain, quand la température n'est plus trop élevée. Pour les utiliser, on les fait tremper quelques heures dans l'eau tiède.

Artichauts. — On fait blanchir de beaux artichauts pendant 10 minutes, on les égoutte complètement et les fend en quatre parties. On coupe les bractées ou feuilles au-dessus de la partie charnue et l'on enlève le foin. Les quartiers d'artichaut sont enfilés sur une ficelle et on les fait sécher au grenier. On obtient ainsi un excellent produit qu'il suffit de faire tremper quelques heures dans l'eau avant de l'utiliser.

Champignons. — « Prendre les plus jeunes et les moins ouverts, les peler et les enfiler en chapelet, les pendre sous le manteau de la cheminée. Au bout de quelques semaines ils sont entièrement desséchés et on n'a plus qu'à les garder en un lieu sec dans des caisses fermées » (Joignaux).

71. Dessiccation des fruits. — *Prunes*. — Les prunes d'Agen

se préparent encore de la manière suivante dans maintes exploitations : les prunes sont cueillies complètement mûres. On les étend sur des claies, on chauffe le four à cuire le pain avec des brindilles, des bruyères, de manière à le porter à une tempérarure de 40 à 50 degrés. On y laisse les claies de 12 à 15 heures. Au sortir du four les fruits sont retournés et une fois froids on les soumet à une nouvelle cuisson pendant le même temps dans le four chauffé à 60-65 degrés. On termine par une heure de cuisson à 80-90 degrés. Le fruit est devenu noir et brillant. Le sucre s'est caramélisé à la surface. Les pruneaux sont classés d'après la grosseur et la qualité. Les marchands en gros les passent à l'étuve à 120 degrés pour les stériliser et les tassent à la machine dans des boîtes que des ouvrières appelées « fleureuses » parent à la surface.

Dans beaucoup d'endroits la dessiccation est commencée au soleil et terminée au four ou bien le fruit est blanchi à l'eau bouillante pendant quelques instants, puis séché au four : *Prunes fleuries*.

Les *poires*, les *pêches*, les *pommes*, les *abricots* peuvent être séchés au four à température modérée comme les prunes.

72. Dessiccation de la viande. — La dessiccation de la viande au

soleil est pratiquée dans l'Amérique du sud. Elle donne des produits inférieurs.

La viande coupée en longues bandes est saupoudrée de farine de maïs et séchée directement; ou bien elle est découpée en tranches larges et épaisses qu'on laisse dans une saumure pendant trois jours, puis que l'on presse fortement pour en extraire le jus et sèche au soleil.

La dessiccation de la viande ne présente pas d'intérêt en France, si ce n'est toutefois pour l'alimentation du soldat en campagne. On a confectionné dans ce but de véritables *biscuits de viande*. La viande crue est hachée finement, salée et additionnée de farine. On en fait une pâte qu'on cuit au four jusqu'à dessiccation complète.

A côté des conserves de viande séchée, plaçons les *extraits de viande* vendus sous les noms de : Extrait Liebig, Extrait Cibils, Extrait Maggi, etc. On les obtient en concentrant des bouillons de viande par évaporation dans des chaudières à feu nu. Ce sont plutôt des condiments riches en sels que des aliments. La viande épuisée est séchée et pulvérisée; c'est la *farine de viande* qu'on utilise pour l'alimentation des porcs et des volailles.

CHAPITRE II

PROCÉDÉS PERFECTIONNÉS DE DESSICCATION

Les procédés primitifs présentent bien des inconvénients :
Il est difficile de régler la température du four. Les fruits et
les légumes peuvent être cuits et leur saveur est profondément
modifiée ; la dessiccation en plein air expose les mêmes produits
à être visités par les insectes et salis par les poussières. Dans
tous les cas, l'opération est longue.

*On construit aujourd'hui des appareils appelés évaporateurs
permettant de dessécher méthodiquement les fruits et les légumes
dans un air chaud et sec.* Il en existe de nombreux systèmes.
Les petits et les moyens modèles conviennent dans une ferme.
Les grands modèles sont industriels et ne peuvent être utilisés
que par des cultivateurs associés en vue de la dessiccation et
de la vente en commun de leurs produits.

I. — LES ÉVAPORATEURS

73. Description de l'évaporateur.—Un évaporateur comprend
essentiellement deux organes : le *calorifère* et la *chambre de
séchage* (fig. 81). Le *calorifère* fonctionne à la manière des
appareils de même nom employés pour le chauffage des appar-
tements. L'air froid pris au dehors s'échauffe au contact des
parois du foyer et des tuyaux où circulent les gaz de la combustion. L'air chaud arrive dans la *chambre de séchage* et lèche
les légumes ou les fruits disposés sur les claies en leur enlevant leur humidité.

Le **calorifère** comprend généralement un *foyer* et une *chambre de combustion* à laquelle on donne la plus grande surface
possible de rayonnement. Ces deux organes sont entourés d'une
double enveloppe de tôle dans laquelle circule l'air froid avant
d'arriver sur les parois du foyer et de la chambre de combustion.
Les constructeurs s'efforcent d'utiliser de la meilleure manière
la chaleur du foyer pour réduire la dépense de combustible.

La **chambre de séchage** est une caisse prismatique en bois ;

on évite le fer qui est bon conducteur et occasionne des déperditions de chaleur.

Les claies sont en fil de fer étamé tendu sur des cadres de bois.

Conditions auxquelles doit satisfaire un évaporateur. — Un évaporateur doit satisfaire aux conditions suivantes:

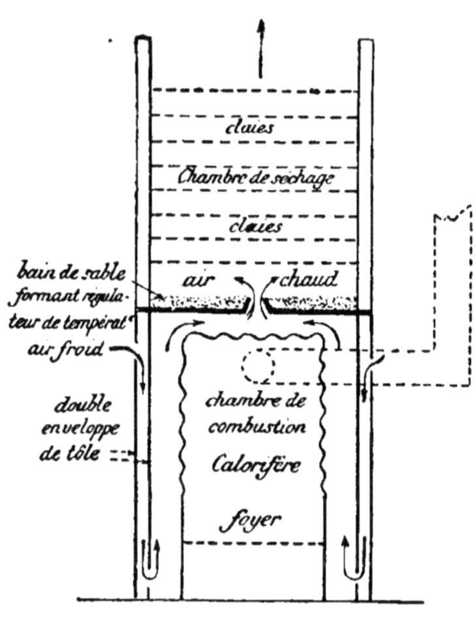

Fig. 81.
COUPE THÉORIQUE D'UN ÉVAPORATEUR.

« 1° Utiliser convěnablement toute la chaleur produite par le foyer de façon à diminuer le plus possible la dépense de combustible ;

« 2° Produire un courant d'air dont la température et la vitesse puissent être réglées et maintenues assez constantes ; ceci est nécessaire pour assurer à l'opération une marche régulière ;

« 3° Provoquer sur chaque claie considérée séparément une évaporation uniforme intéressant toute la surface, condition difficile à obtenir, mais indispensable pour que tous les produits soient desséchés dans un même temps;

« 4° Éviter aux produits en voie de dessiccation tout contact avec l'air saturé d'humidité; ce contact amènerait en effet la condensation d'une partie de la vapeur d'eau et le séchage se trouverait constamment retardé ;

« 5° Enfin l'appareil du petit cultivateur doit encore être peu encombrant, transportable, simple, facile à conduire [1].

74. Différents modèles d'évaporateurs. — Le courant d'air chaud qui traverse la chambre de séchage est *vertical* ou plus ou moins *oblique*. Les appareils se classent en 2 catégories:

---

1. MALPEAUX ET PERRONNE, *Le séchage des fruits et des légumes.*

1° *Évaporateurs à courant d'air vertical* ;

2° *Évaporateurs à courant d'air oblique.*

1° **Évaporateurs à courant d'air vertical.** — Les claies sont empi-
lées les unes sur les autres dans la chambre de séchage. Un
thermomètre placé à la partie inférieure de la chambre indique
la température du courant d'air chaud, température qui se règle
en agissant sur la clef de tirage du foyer.

Un système de levier permet de soulever les claies pour les

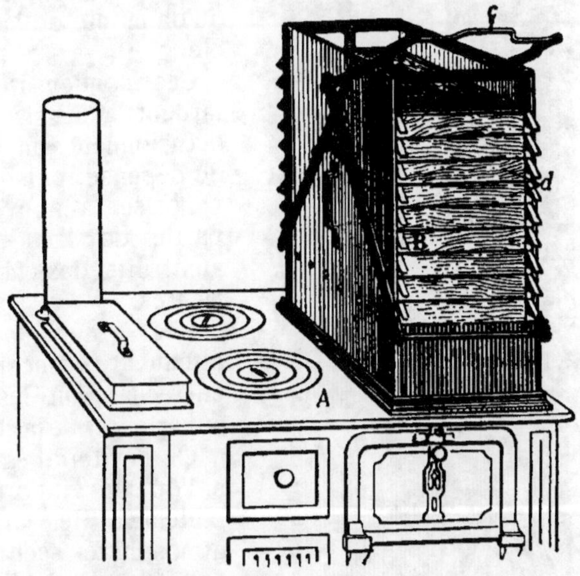

Fig. 82. — Évaporateur Waas (petit modèle).

A, *Fourneau de cuisine servant de calorifère ;* B, *chambre de séchage ;* c, *levier
qui actionne le système de levage des claies ;* d, *claies.*

visiter et en ajouter ou en retirer à volonté. *Les claies chemi-
nent de haut en bas en sens inverse du courant d'air chaud*, de
sorte que les produits trouvent un air de plus en plus chaud et
de plus en plus sec à mesure qu'ils se dessèchent. *L'opération
est continue et méthodique.* Dans ces conditions l'air est de plus
en plus humide et de moins en moins chaud à mesure qu'il
s'élève, il se rapproche donc de son point de saturation. On
comprend d'après cela la nécessité de ne pas superposer un trop
grand nombre de claies. Quelques-unes pourraient être traver-
sées par de l'air saturé de vapeur d'eau ; cet air continuant de
se refroidir dans son ascension condenserait sur les fruits une
partie de sa vapeur pour prendre la tension maximum corres-

pondant à une température plus basse. Il importe donc de limiter le nombre de claies pour que l'air ne soit pas complètement saturé au sortir de la chambre. L'observation de cette règle n'empêchera pas des condensations de se produire sur les claies froides qu'on introduira en haut de la chambre, d'après le phénomène bien connu qui cause de la buée sur les bouteilles froides qu'on monte de la cave en été.

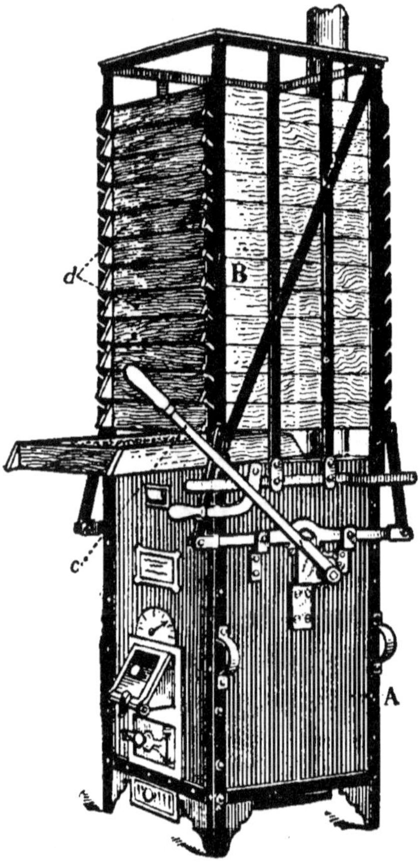

Ces condensations retardent la dessiccation et occasionnent un surcroît de dépense, puisqu'il faut vaporiser à nouveau une partie de l'eau enlevée aux fruits des claies inférieures.

Les grands appareils atténuent cet inconvénient en réchauffant les parties supérieures de la chambre.

On l'éviterait également si l'on pouvait porter préalablement les fruits en atmosphère sèche, à la température de l'air à sa sortie de la chambre de séchage.

Appareils Waas[1]. — Le petit modèle se place sur un fourneau de cuisine, il peut contenir 6 à 9 claies avec 15 à 18 kilos de fruits (fig. 82). Les autres modèles sont munis d'un calorifère. Il y a un modèle pour petites exploitations, un modèle pour moyennes exploitations. Dans ce dernier modèle les claies sont au nombre de deux sur chaque cadre de bois, l'une fixe, l'autre mobile

Fig. 83. — Évaporateur Waas, pour moyennes exploitations.

A, *Calorifère*; B, *chambre de séchage;* c, *levier*; d, *claies.*

---

1. Appareils Waas. — Dépositaire : Furrer-Prüss, 4, boulevard Saint-Martin, Paris.

(fig. 83). L'appareil peut contenir de 70 à 85 kilos de fruits sur 12 claies doubles. Les autres modèles sont applicables à la grande culture et à l'industrie.

Les évaporateurs Vermorel[1] sont construits sur le même principe que les évaporateurs Waas.

Les évaporateurs à courant d'air vertical présentent en général le même inconvénient : *la circulation de l'air est plus rapide sur les parois qu'au centre de la chambre.*

L'*évaporateur l'Universel*[2] régularise le courant d'air. Les claies se trouvent placées par piles de deux ou trois dans des tiroirs superposés qui obligent l'air chaud à parcourir un chemin sinueux. Enfin la cheminée qui expulse au dehors les gaz de la combustion réchauffe la partie supérieure de la chambre.

2° **Evaporateurs à courant d'air oblique**. — La chambre de séchage est une caisse en bois inclinée, divisée en 2 compartiments. Ces appareils présentent en général l'inconvénient de dessécher les fruits irrégulièrement et de nécessiter un triage sérieux après chaque opération ; le courant d'air chaud est en effet plus intense sur les parois supérieures de la chambre.

L'appareil *le Français*[3] atténue cet inconvénient. Le compartiment inférieur est un prolongement du calorifère, il est traversé par les tuyaux de fumée. Il augmente ainsi et régularise la température de l'air chaud qui circule dans le compartiment supérieur. Ce dernier constitue la chambre de séchage proprement dite ; les claies y sont introduites par groupes de 3 à l'une des extrémités. L'appareil est muni d'un régulateur permettant d'augmenter ou de diminuer la vitesse du courant d'air en faisant varier l'orifice d'échappement de l'air chaud. Enfin deux thermomètres, placés l'un à l'entrée, l'autre à la sortie de la chambre de séchage, permettent de surveiller la marche de l'opération.

Appareil de l'école d'agriculture de Berthonval. — MM. Malpeaux et Perronne donnent la description suivante de l'appareil qu'ils ont imaginé :

« Nous avons essayé de réaliser un évaporateur à courant d'air oblique, non pas perfectionné à tous points de vue, mais avant tout simple et peu coûteux, pouvant être construit dans toute exploitation agricole par un menuisier et un forgeron de village ; nous voulions que le calorifère puisse

---

1. Vermorel, à Villefranche (Rhône).
2. Appareil l'*Universel*. Tritschler, à Figeac (Lot).
3. Appareil *Le Français*. Tritschler, à Figeac (Lot).

aussi produire l'eau chaude nécessaire au traitement des légumes, combinaison qui évitait la dépense d'entretien d'un second foyer.

« Nous avons pris un petit poêle ordinaire au charbon de terre que nous avons fait entourer d'une chemise en tôle *a* (fig. 84) : c'est entre cette tôle et le foyer que s'échauffe l'air introduit inférieurement en *b* ; il est conduit dans la chambre de séchage par un prolongement de l'enveloppe en tôle emprisonnant complètement le tuyau de fumée.

« La chambre de séchage est constituée par une caisse longue inclinée suivant une pente de 0ᵐ,15 par mètre et divisée dans toute sa longueur en deux compartiments superposés ; l'inférieur est à section trapézoïdale et ne renferme en son milieu que le tuyau de fumée *c* ; l'air qu'il contient

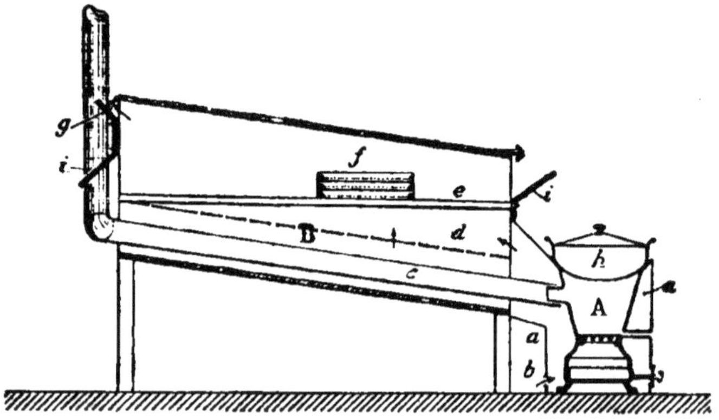

FIG. 84. — ÉVAPORATEUR DE L'ÉCOLE D'AGRICULTURE DE BERTHONVAL.
Coupe longitudinale (d'après MM. Malpeaux et Perronne).

A, *Calorifère entouré d'une chemise en tôle* a ; b, *introduction de l'air froid* ; h, *chaudron que l'on place sur le calorifère pour chauffer l'eau nécessaire au blanchiment des légumes* ; B, *chambre de séchage* ; c, *tuyau de fumée* ; d, *tôle perforée, traversée par le courant d'air chaud* ; e, *deux liteaux servant de glissières aux claies* ; f, *claies* ; g, *sortie de l'air humide* ; i i, *panneaux permettant l'introduction et la sortie des claies.*

s'échauffe au contact de ce tuyau et s'élève dans le compartiment supérieur par une série de trous percés suivant trois rangées dans la paroi séparatrice en tôle *d*.

« Le compartiment supérieur est à section rectangulaire ; à l'intérieur sont cloués sur les parois verticales, horizontalement et à la même hauteur, deux liteaux *e*, servant de glissières aux claies.

« Celles-ci *f*, ouvertes à leurs extrémités, sont introduites, une seule à la fois ; on les dispose en piles de 2 ou 3, et une simple poussée de la main suffit pour les faire avancer dans un sens ou dans l'autre.

« Des portes, à l'entrée et à la sortie de la caisse, permettent d'y retenir l'air chaud ; il ne s'échappe, lorsqu'il est chargé d'humidité, que par une ouverture *g*, située au point le plus élevé de l'appareil : cette ouverture peut aussi être tenue plus ou moins fermée ; c'est de cette façon qu'on règle la vitesse du courant d'air.

« Lorsqu'on a besoin d'eau bouillante, un chaudron *h* peut être placé sur le calorifère, plongeant dans le foyer même.

« Cet appareil pourrait, sans doute, recevoir des modifications avantageuses : notamment pour augmenter la surface de chauffe du calorifère, et peut-être aussi la surface des claies : néanmoins, tel qu'il est, son fonctionnement nous donne toute satisfaction ; quand le foyer porte l'eau à l'ébullition, la température de l'air, au moment de son entrée dans le compartiment du séchage, oscille entre 80° et 95° ; rarement ce dernier chiffre se trouve dépassé ; d'ailleurs, une clef placée sur le tuyau de fumée permet de modérer ou d'augmenter le tirage.

« Nous n'avons jamais constaté, même en y introduisant des légumes encore très mouillés, aucun dépôt de buée sur les claies se trouvant vers la partie la plus élevée ; il est vrai que le parcours du courant d'air n'est que de 2 mètres.

« Contrairement à ce qui se produit dans la plupart des évaporateurs inclinés, ici, ce sont les claies inférieures qui sont séchées les premières, cela nous permet de ne les introduire qu'une à une et de les sortir de même.

« En somme, ce qui caractérise notre appareil, c'est surtout la position horizontale des claies dans un courant d'air oblique ; l'air chaud doit les traverser comme dans les évaporateurs verticaux tout en restant peu de temps en contact avec les produits à sécher comme dans ceux de la deuxième catégorie. »

75. Conduite de l'évaporateur. — Tout d'abord la température de l'air sera toujours inférieure à 100 degrés. Elle ne dépassera pas 90 degrés pour les fruits, 70 degrés pour les légumes. On allume le foyer, on ferme complètement la chambre si elle possède un orifice réglable pour la sortie de l'air. Quand le thermomètre inférieur marque la température voulue, 90 degrés par exemple, on établit le courant d'air et on règle le foyer de manière que la température de l'air à la sortie soit de 85 à 90 degrés. On commence alors à introduire les produits à sécher, disposés sur des claies simples ou sur des séries de claies suivant le système de l'appareil. Nous avons dit que les claies devaient progresser en sens inverse du courant d'air pour que la dessiccation fût méthodique. Supposons, par exemple, un appareil vertical de douze claies, capable d'effectuer la dessiccation complète d'un produit en 9 heures. Tous les trois quarts d'heure, nous enlèverons une claie de produits secs à la partie inférieure et nous ajouterons une claie de produits frais à la supérieure. Chaque claie intermédiaire descendra d'un degré. Cette manière d'opérer s'applique aux légumes et aux fruits entiers. On recommande, au contraire, d'exposer dans la partie la plus chaude des fruits pelés et coupés en quartiers, comme les pommes et les poires. On se propose ainsi de saisir les fruits par la chaleur, de former une pellicule artificielle qui ralentira bien un peu l'évaporation, mais s'opposera surtout à l'oxydation, cause du brunissement que l'on cherche justement à éviter. Cette progression des claies n'est pas méthodique. On obtiendrait peut-être le résultat désiré en n'exposant les fruits dans la partie la plus chaude que pendant l'intervalle de deux manipulations consécutives de l'appareil, pour les mettre ensuite à la partie supérieure. Cette manière de faire éviterait en même temps les condensations de vapeur d'eau, puisque les fruits seraient chauds. Chaque manipulation consisterait alors à soulever tout le système, moins les deux claies inférieures, à enlever la claie sèche qui occupe en bas le deuxième rang, à reporter en haut celle qui occupe le premier et à la remplacer par une claie de fruits frais.

Entre deux manœuvres consécutives de l'appareil, on visite la claie sèche pour ôter les produits incomplètement séchés qui rentrent dans le travail et on prépare de nouvelles claies.

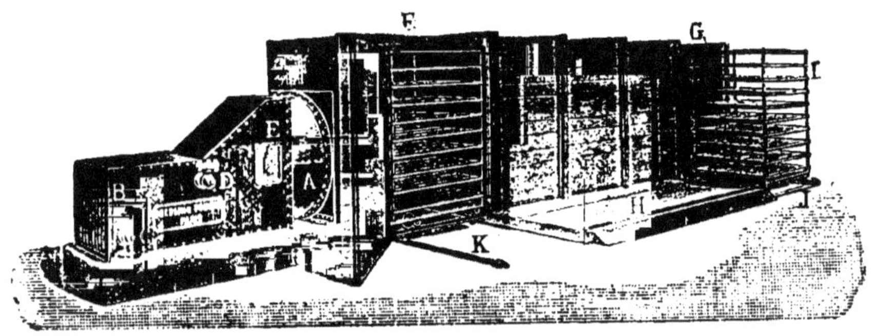

Fig. 85. — Séchoir méthodique a chariots.

A, *le ventilateur*; B, *batterie de radiateurs*; D, *entrée de la vapeur dans les radiateurs*; C, *sortie de l'eau de condensation*; E, *régulateur de température*; I, *chariot*; FG, *tunnel*; KH, *rails*.

76. Evaporateur à grand travail. — Les évaporateurs à grand travail sont employés par l'industrie. Ils utilisent mieux la chaleur du foyer que les appareils d'un modèle restreint et par cela même sont plus économiques.

M. Fouché (38, rue des Écluses-Saint-Martin, Paris) construit *un séchoir méthodique à chariot* dans lequel le courant d'air chaud circule *horizontalement* (fig. 85). Le calorifère est remplacé par un appareil appelé aéro-condenseur.

Aéro-condenseur. — Il se compose essentiellement d'un *ventilateur A* qui fait passer un très fort courant d'air sur une *batterie de radiateurs ondulés* renfermée dans la caisse en tôle B. Ces radiateurs sont chauffés par la vapeur venant directement d'une chaudière ou de l'échappement d'une machine. Dans ce dernier cas, le séchage se fait sans aucune dépense de combustible. La vapeur entre par la tubulure D, l'eau de condensation sort par la tubulure C. Une porte à coulisse E permet de régler la température de l'air envoyé dans le séchoir. En effet, quand on ouvre cette porte, le ventilateur aspire de l'air froid qui abaisse la température de l'air chaud venant de la batterie. Le courant d'air chaud est lancé dans une série de *chariots* placés les uns à la suite des autres dans un *tunnel F G.* Les produits à sécher sont placés dans les chariots sur des claies de forme convenable.

Lorsque le contenu du chariot qui est le plus près du ventilateur se trouve convenablement séché, on tire ce chariot latéralement. On fait avancer le train de telle manière que le chariot suivant vienne prendre près du ventilateur la place de celui que l'on a tiré, puis l'on ajoute un chariot de produits frais en queue. Le séchage est donc méthodique. L'emploi de cet appareil évite les coups de feu qui se produisent quelquefois avec les appareils à calorifère.

II. — PRATIQUE DE LA DESSICCATION

Elle comprend deux opérations :
1° La *préparation des produits* ; 2° le *séchage proprement dit.*

77. Séchage des fruits. — *Choix.* — On ne dessèche généralement que les fruits de deuxième choix et parmi ceux-ci les

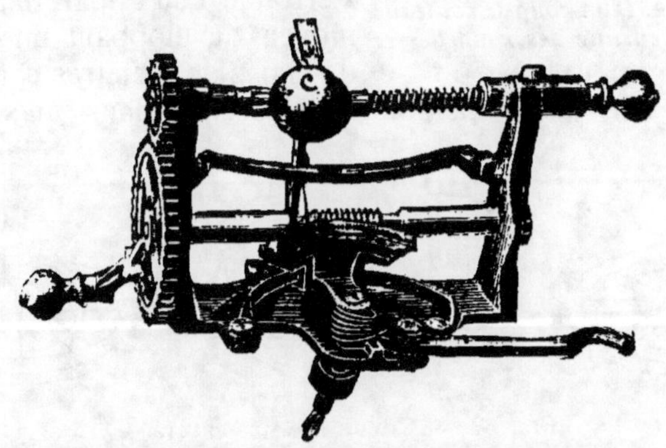

FIG. 86. — MACHINE A PELER LES FRUITS.

plus sucrés donneront les produits les plus estimés et le rendement le plus considérable.

Pommes. — Les pommes sont généralement pelées et écœurées à la machine (fig. 86, 87, 88). On les sèche entières et coupées en quartiers ou en rondelles. Les pommes destinées à faire de la boisson sont coupées en tranches sans être pelées.

Les fruits sont disposés sur les claies côte à côte en une seule couche. Ils ont bruni au contact de l'air. L'industrie les blanchit en les soumettant pendant 5 à 6 minutes à l'action du gaz sulfureux produit par la combustion du soufre dans un meuble clos appelé *boîte à blanchir.* Le cultivateur se contentera de jeter les pommes pelées et coupées dans l'eau légèrement salée ou acidulée par l'acide citrique pour ne les mettre sur les claies qu'au dernier moment.

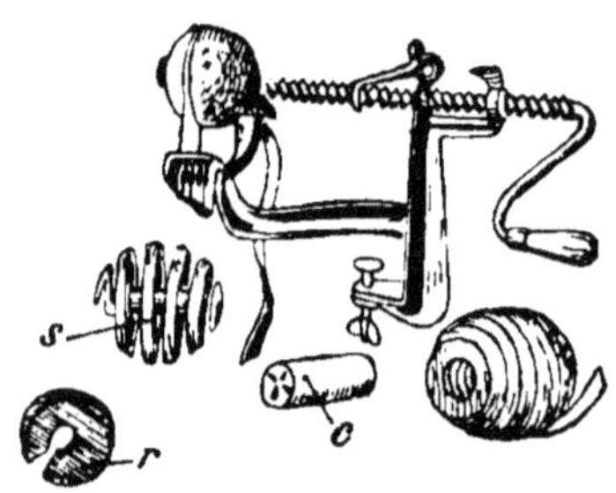

FIG. 87. — MACHINE A PELER
LES POMMES,
POUR PETITES EXPLOITATIONS.

La machine enlève en même temps les cœurs c et découpe la pomme en spirale s. D'un coup de couteau, on obtient ensuite des rondelles r.

Les fruits sont introduits comme nous l'avons dit à la base de l'appareil où la température doit être voisine de 90 degrés. La durée de séchage est de 6 à 8 heures. Elle dépend de l'épaisseur des morceaux, du chargement des claies, de la perfection de l'appareil et du soin apporté à sa conduite.

100 kilos de pommes fraîches donnent environ 12 kilos de pommes sèches.

D'après MM. Malpeaux et Perronne[1] un appareil à travail moyen développant une surface de claies de 5 mètres carrés permettra à une seule personne de sécher dans une journée

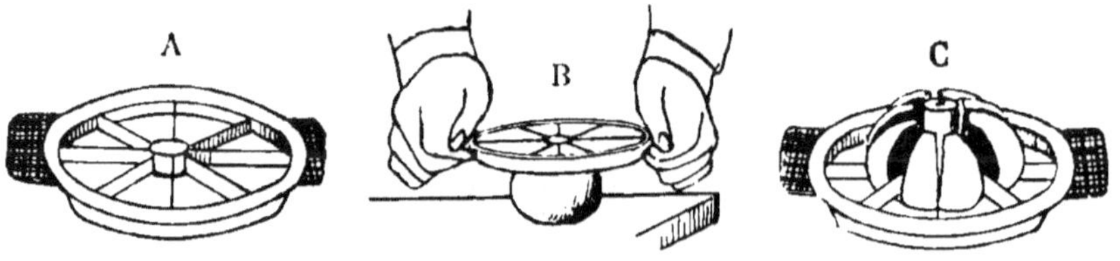

FIG. 88. — COUPE POMMES-FRUITS.

A, *Coupe pommes-fruits Rollmann, il écœure le fruit et le coupe en quartiers*; B, *Appareil en fonction*; C, *Vue du fruit coupé.*

100 kilos de pommes coupées en rondelles, et le prix de revient de l'opération est

Main-d'œuvre, 1 journée. . . . . 3 fr. à 3 fr. 50
Combustible , ... 0 fr. 50 à 0 fr. 80
Amortissement des appareils. . . . . . 0 fr. 70 à 0 fr. 70
                        Au total. . . . . 4 fr. 20 à 5 francs.

Les pommes séchées sont serrées dans des caisses que l'on pare à la surface pour les présenter sous le meilleur aspect.

---

1. MALPEAUX et PERRONNE, *Le séchage des fruits et des légumes.*

Les tranches séchées avec la pelure sont tassées dans des tonneaux.

On conserve les pommes sèches, comme d'ailleurs tous les produits traités de la même manière, en local sec et aéré.

Les résidus de la préparation, cœurs, pelures, sont employés à faire de la boisson ou de la marmelade.

Poires. — Elles se préparent comme les pommes ou bien on les pèle et les coupe en 2 ou 4 quartiers sans enlever les cœurs.

Elles brunissent plus rapidement que les pommes. On les sèche de la même manière. L'opération dure de 9 à 10 heures

FIG. 89. — ARRACHE-NOYAUX.

A, *Arrache-noyaux Rollmann*; B, *vue de l'appareil en fonctionnement.*

pour les poires en quartiers. Les rendements des poires comme d'ailleurs ceux de tous les fruits varient avec leur richesse.

M. Durand[1] a obtenu les rendements suivants :

Bon Chrétien William.	20 o/o	Monsallard.	14 o/o
Duchesse de Berry.	15 —	Duchesse.	10 —
Louise Bonne d'Avranches.	11 —	Sucrée de Montluçon.	15 —
Beurré d'Amanlis.	11 —	Beurré Hardi.	12 —

Prunes. — Les prunes sont séchées entières. Quelquefois elles sont dénoyautées, ce qui réduit considérablement la durée d'évaporation (fig. 89).

Les prunes ne doivent pas être saisies par une température trop élevée qui provoquerait l'éclatement. On les introduit par le haut de l'appareil où la température doit être d'environ 60 degrés. L'opération demande au moins 24 heures avec les fruits non ouverts. Le rendement est en moyenne de 33 pour 100. Les pruneaux obtenus sont rougeâtres, mais n'ont pas une

---

1. DURAND, *La culture fruitière moderne.*

qualité inférieure à celle des pruneaux obtenus au four et dont la teinte noire est due, avons-nous dit, à une caramélisation superficielle du sucre.

Cerises. — Les cerises sont séchées entières et quelquefois dénoyautées. On les dispose côte à côte sur les claies, les queues en l'air. On les dessèche comme les prunes. Le rendement moyen est de 18 pour 100.

Abricots. — On les sépare nettement en deux parties avec un instrument tranchant. On les dénoyaute et on les expose sur les claies, la face ventrale en haut. On les dessèche comme les prunes et les cerises. L'opération dure 7 à 8 heures. Le rendement est de 20 pour 100.

Pêches. — Les pêches sont traitées comme les abricots. On peut aussi les peler pour obtenir un produit plus fin.

Raisins. — La dessiccation des raisins est très longue, elle dure 4 à 5 jours ; le rendement est de 20 à 25 pour 100.

78. Séchage des légumes. — *Préparation*. — Il est nécessaire de *blanchir* les légumes pour coaguler les matières albuminoïdes et les rendre imputrescibles en lieu sec.

Le blanchiment se fait dans l'eau bouillante comme pour la préparation des conserves de légumes par la méthode Appert, ou encore dans la vapeur qui altère moins la saveur et la couleur.

Les légumes entiers ou coupés, suivant les cas, sont étalés sur les claies en couches d'épaisseur uniforme et exposés dans un courant d'air où ils se ressuyent.

Séchage. — Les légumes brûlent facilement. Les coups de feu sont à craindre. La température de l'évaporateur ne dépassera pas 70 degrés. Les légumes sont introduits en haut de l'appareil. On opère un triage après la sortie de chaque claie. Les légumes incomplètement séchés rentrent dans le travail.

Pour utiliser les légumes séchés, il faut les faire tremper dans l'eau tiède pendant quelques heures. Ils reprennent leur aspect de produits frais. On les accommode à la manière de ces derniers. Si les légumes secs sont destinés à la confection d'un potage, il suffit de les laver.

Certaines usines compriment les légumes secs en tablettes dans le but d'en faciliter le transport. Les légumes sont pressés dans des formes quand ils sont à moitié secs, puis on termine leur dessiccation.

Asperges. — Les asperges en branches sont blanchies comme pour la préparation des conserves dans la méthode Appert. On les aligne sur les claies. On les introduit dans l'évaporateur à la température de 60 degrés. Le séchage dure environ 6 heures.

Les pointes d'asperges sont blanchies légèrement et desséchées lentement à la température de 50 degrés.

L'opération dure environ 3 heures.

Petits pois. — Les petits pois, choisis frais et tendres, sont blanchis pendant 2 minutes. La dessiccation demande 3 heures. La température doit être de 50 à 60 degrés. Le rendement est en moyenne de 20 pour 100.

D'après Malpeaux et Perronne un évaporateur développant une surface de claies de 5 mètres carrés peut sécher par jour 150 kilos de grains frais, donnant 30 kilos de produits secs.

Le prix de revient de l'opération est :

Main-d'œuvre, 1 journée d'homme et de 3 aides. .	12 fr.
Combustible.	1 fr. 50
Amortissement de l'appareil.	0 fr. 50
Au total.	14 francs.

Haricots verts. — Ils sont triés, épluchés et blanchis comme les haricots verts préparés par la méthode Appert. Le séchage dure de 3 à 6 heures suivant la grosseur des légumes. La température la plus haute de l'évaporateur doit être de 60 degrés.

Le rendement est en moyenne de 12 pour 100. L'évaporateur du type moyen ayant 5 mètres carrés de surface de claies est capable de sécher 75 kilos de produits frais donnant 9 kilos de produits secs par jour avec une seule personne.

FIG. 90. — MACHINE A COUPER LES LÉGUMES ET LES FRUITS EN TRANCHES.

Flageolets. — Les flageolets sont blanchis pendant 5 minutes, introduits dans l'évaporateur à 70 degrés. La dessiccation dure environ 2 heures. Le rendement est de 40 à 50 pour 100.

Autres légumes. — Tous les autres légumes frais qui se consomment à l'état cuit peuvent être séchés. L'opération est très coûteuse avec les évaporateurs de dimensions restreintes. Les *choux pommés* sont coupés en fines lanières avec un couteau ou un petit appareil. On enlève les parties trop épaisses (fig. 90).

Les *petites pommes de choux* de Bruxelles peuvent être séchées entières ou coupées en deux parties. Les *racines*, carottes, navets, choux-navets, sont

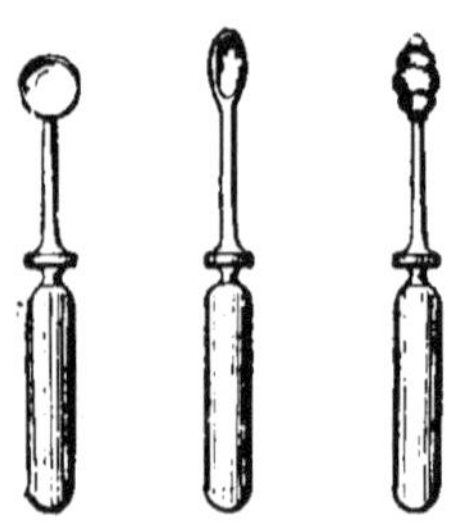

FIG. 91.
CUILLÈRES A LÉGUMES.

Elles permettent d'enlever aisément les yeux ou bourgeons et de nettoyer complètement les légumes épluchés.

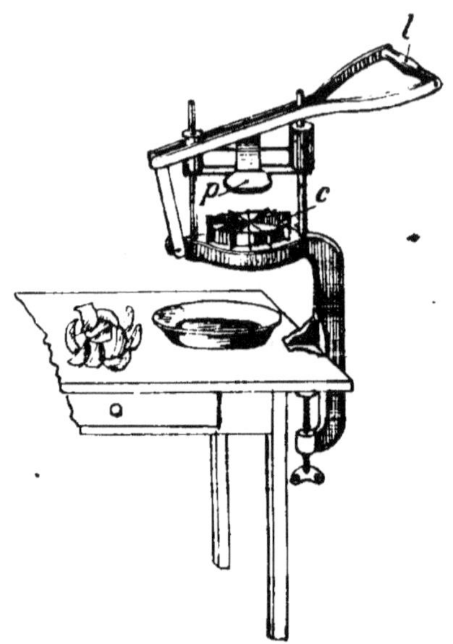

FIG. 92.
COUPE-POMMES DE TERRE.

L'appareil est actionné par un levier l. La pomme de terre pressée par le plateau p sur le couteau quadrillé c est coupée en quartiers.

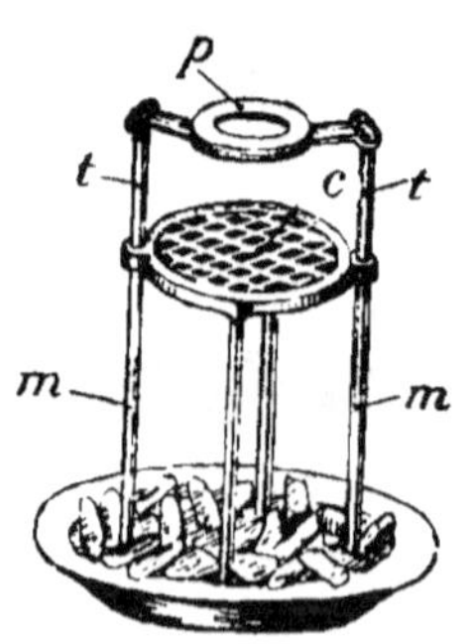

FIG. 93.
COUPE-POMMES DE TERRE
ROLLMANN, N° 4.

Les tiges t du plateau p coulissent dans les montants m du couteau quadrillé c. En appuyant sur les tiges t, on coupe la pomme de terre en quartiers.

coupées en tranches ou en lanières. Les *pommes de terre* sont pelées à la ma-

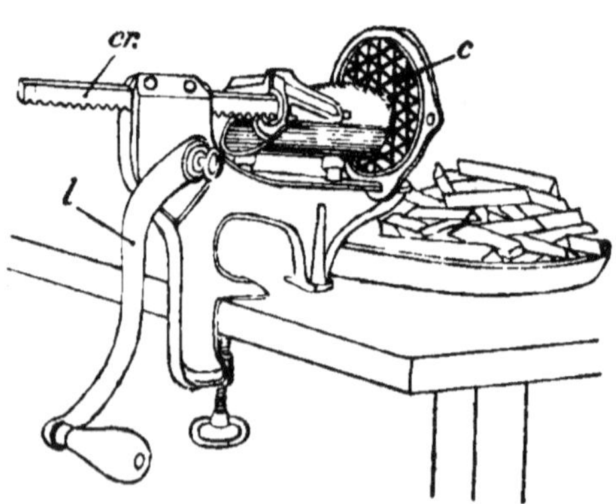

FIG. 94.
COUPE POMMES DE TERRE ROLLMANN, N° 2.

La pomme de terre est poussée sur le couteau c à l'aide d'une crémaillère cr actionnée par un pignon denté mû par le levier l.

chine. On enlève les yeux à la main (fig. 91), puis on les coupe en tranches ou en petits prismes (fig. 92, 93, 94).

Il est bon, dans le but d'éviter le noircissement, de jeter les pommes de terre pelées et coupées en tranches dans l'eau aiguisée d'acide citrique.

On peut dessécher également les *fonds d'artichaut*, les *champignons* et faire des préparations de *juliennes*, mélange de différents légumes : petits pois, flageolets et haricots

FIG. 95. — COUPE-JULIENNE POUR MÉNAGE.

verts, carottes et navets coupés en menus morceaux (fig. 95). Le mélange de ces différents légumes se fait après dessiccation

Le tableau suivant résume la pratique de la dessiccation des principaux légumes avec un évaporateur d'un moyen modèle ayant 5 mètres carrés de surface de claies.

NATURE DES LÉGUMES.	DURÉE DU BLANCHIMENT.	TEMPÉRATURE qu'il ne faut pas dépasser dans le séchage.	DURÉE DU SÉCHAGE.	RENDEMENT MOYEN.	COUT MOYEN DE LA DESSICCATION pour 100 kilogr. de légumes frais.
	minutes		heures		
Haricots verts....	8 à 10	60⁰	3 à 6	12 %	5 fr. 50 à 6 fr. 50
Petits pois......	2	60⁰	3	20 %	9 fr. » à 10 fr. »
Choux pommés...	4 à 8	60⁰	3	8 %	5 fr. »
Choux de Bruxelles.	5	60⁰	4	9 à 10 %	5 fr. »
Carottes.......	8	70⁰	3	10 %	5 fr. »
Pommes de terre. .	2 à 3	70⁰	3	12 %	5 fr. »

Emballage et conservation des légumes séchés. — Avant l'emballage les légumes doivent être tenus en lieu sec et aéré. On les emballe en les tassant dans des récipients bien clos : caisses en bois ou en métal, sacs doublés en tissu serré que l'on conserve toujours à l'abri de l'humidité.

QUATRIÈME PARTIE

CONSERVATION
PAR LES ANTISEPTIQUES

CHAPITRE I

GÉNÉRALITÉS SUR LES ANTISEPTIQUES

79. Propriétés générales des antiseptiques. — Un antiseptique est une substance qui rend un milieu impropre au développement des microbes et les tue quand ils ont pris naissance.

Il ne détruit pas les produits élaborés par eux, produits qui sont dans certains cas des poisons redoutables. Les antiseptiques ne doivent être utilisés que pour conserver les produits sains et très frais.

Un antiseptique, pour être employé à la conservation des aliments, doit remplir deux conditions :

1° Il doit être *efficace*; 2° *inoffensif*.

1° Le ***pouvoir antiseptique*** est intimement lié au poids de substance qui agit. La dose qui tue les microbes est supérieure à celle qui empêche la germination des spores.

Ainsi les spores d'*Aspergillus niger* ne germent pas dans un milieu nutritif renfermant $\frac{1}{240}$ de sulfate de cuivre ou $\frac{1}{500000}$ de sublimé corrosif ou $\frac{1}{16000000}$ de nitrate d'argent, mais ces doses sont insuffisantes pour arrêter la croissance de la plante en pleine évolution. Elles ne font qu'en ralentir le développement.

Le pouvoir antiseptique varie avec les espèces microbiennes. En outre, telle substance, antiseptique pour une espèce, est un aliment pour une autre. Enfin une substance, qui, à faible dose, est un aliment, jouit de propriétés antiseptiques à dose plus élevée.

2° Beaucoup de substances, antiseptiques pour les microbes,

le sont aussi pour les cellules animales. Elles sont des poisons à doses plus ou moins élevées.

Il ne faut employer que des corps entrant habituellement dans l'alimentation de l'homme, tels le *sel*, le *vinaigre*, l'*alcool*, et rejeter les antiseptiques dont l'ingestion peut amener des troubles dans la santé, comme l'acide borique et les borates, l'acide salicylique et tous les sels vendus comme anti-ferments.

Sel. — La conservation par le sel est un des procédés les plus anciennement usités dans l'économie domestique. Le sel agit sur les matières alimentaires en les déshydratant. Il se dissout dans l'eau qu'elles contiennent, et la solution saline obtenue, quand elle est suffisamment concentrée, empêche le développement des microbes, mais ne les tue pas.

Vinaigre. — Le vinaigre doit ses propriétés antiseptiques à l'acide acétique qu'il renferme. Il doit être concentré, car étendu d'eau il sert d'aliment à de nombreuses espèces microbiennes et n'empêche pas la fermentation des substances qu'il imprègne.

Alcool. — La fermentation alcoolique d'un liquide sucré est arrêtée quand la proportion d'alcool est de 16 pour 100. L'alcool est antiseptique pour la levure et d'une manière générale pour toutes les espèces microbiennes.

Acide sulfureux. — Le gaz sulfureux, communément appelé *acide sulfureux*, est obtenu par la combustion du soufre ou la décomposition de bisulfites, comme les bisulfites de potasse et de soude; on utilise aussi du gaz sulfureux liquéfié.

Employé à faible dose, l'acide sulfureux ne tue pas les microbes, mais il arrête leur développement et cette action persiste jusqu'au moment où l'oxygène de l'air l'a transformé en acide sulfurique.

Ces propriétés antiseptiques sont largement mises à profit dans l'industrie des boissons fermentées. On emploie l'acide sulfureux pour désinfecter les fûts (méchage), pour suspendre la fermentation alcoolique pendant le temps nécessaire au débourbage du moût dans la vinification en blanc (mûtage), pour arrêter le développement des germes de maladies des vins et faciliter le collage, etc.

De faibles doses d'acide sulfureux ne 'sont pas nuisibles à la santé. Ce corps pourra donc rendre de grands services pour conserver certaines substances alimentaires et la conservation pourra même être de longue durée si l'on soustrait au contact de l'air les substances soumises à l'action de l'acide sulfureux.

CONSERVATION DES LÉGUMES

PROCÉDÉS MÉNAGERS

80. Haricots verts. — Les haricots sont épluchés, lavés et égouttés. On les agite dans un sac avec du gros sel pour les en imprégner, puis on les dispose dans des pots en grès par couches que l'on saupoudre de sel abondamment. Au bout de quelque temps, les haricots sont entièrement baignés dans une saumure. Pour les consommer, on extrait du pot avec une écumoire la quantité voulue, on égoutte et on jette les haricots dans de l'eau froide. On les cuit dans cette eau même, puis on les dessale par un séjour de douze heures dans l'eau froide.

81. Artichauts. — Les artichauts coupés en quartiers sont blanchis par 10 minutes d'ébullition dans l'eau, puis raffermis dans un courant d'eau froide. On les serre dans des pots en grès et on les immerge complètement dans une saumure concentrée. Pour les consommer on les cuit avant de les dessaler.

82. Choux. — La conserve de choux salés s'appelle *choucroute*. Pendant la préparation de la choucroute, il se produit une fermentation qui aboutit à la formation d'*acide lactique*. C'est un agent conservateur, et il donne aux produits la saveur qui les caractérise. On s'efforce d'éviter la fermentation butyrique qui donne une odeur putride. La préparation de la choucroute est un véritable *ensilage* comme le pratiquent les cultivateurs pour conserver les fourrages verts. L'addition de sel n'est pas nécessaire. On choisit des choux cabus blancs; choux de Brunswick, choux quintal d'Alsace. On les récolte par temps sec, les laisse séjourner pendant une quinzaine de jours sous des hangars, où ils se dessèchent partiellement. On enlève les feuilles extérieures et découpe la pomme en tranches minces à l'aide d'un couteau articulé. Puis, dans un tonneau solide, très propre, on fait des couches de 5 à 10 centimètres, qu'on saupoudre de gros sel et qu'on aromatise avec du poivre en grain, des baies de genièvre, quelques feuilles de laurier-sauce. On

tasse fortement à l'aide d'un fouloir en bois. On termine par
une couche de sel. On emploie un kilo de sel par 5o kilos de
choux. On porte le tonneau dans un endroit frais. On couvre
d'une toile solide très propre sur laquelle on place un fond de
tonneau ou des planches et l'on exerce une pression de 5o à
6o kilos, à l'aide de poids ou d'un levier auquel on suspend
un poids (fig. 96).

Le sel se dissout dans l'eau du légume. La saumure formée
doit baigner entièrement toute
la masse. La fermentation
s'établit. Elle ne doit jamais
devenir putride, aussi est-il
nécessaire pendant trois semaines de vider fréquemment
la saumure par un robinet
inférieur et de la remplacer
par une solution saline nouvelle. La conserve n'atteint
sa perfection qu'après deux
mois. Pour l'utiliser on enlève
le liquide qui baigne le cou-

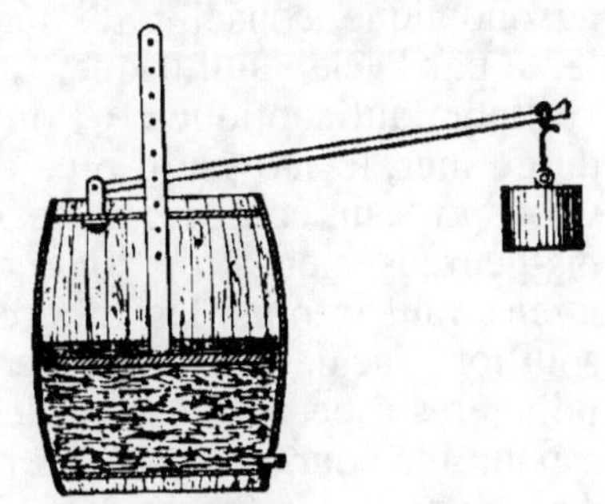

FIG. 96. — TONNEAU A CHOUCROUTE.

vercle. On jette les parties superficielles qui sont brunes.
Après avoir prélevé la quantité voulue, on remet le linge et le
couvercle que l'on a préalablement lavés. On exerce la pression. On ajoute de l'eau fraîche de manière qu'elle baigne le
couvercle.

La choucroute est un aliment sain, plus facilement digestible
que le chou frais. Elle a une saveur acide très prononcée que
l'on peut atténuer par un lavage. On lui attribue des propriétés
anti-scorbutiques. Elle les doit sans doute à l'acide lactique
qui est un bon antiseptique de l'intestin.

83. Cornichons. — *Conservation par le sel*. — Les cornichons
sont coupés en tranches que l'on met en pots par couches en
salant fortement.

Conservation dans le vinaigre. — On choisit des petits cornichons fermes et bien verts. On les nettoie à la brosse, on les
frotte avec du gros sel, en les agitant dans un sac par un mouvement de va-et-vient, puis on les laisse macérer pendant
24 heures dans le sel. Ils perdent ainsi une grande quantité de
leur eau. On les égoutte soigneusement et les verse dans un
bocal avec de petits oignons, du poivre en grain, du piment,
de l'estragon, etc.

On remplit avec du vinaigre fort. Les cornichons ainsi préparés n'ont plus leur belle couleur verte mais sont d'excellente qualité.

Les fabricants de conserves reverdissent à l'aide de sels de cuivre les cornichons, comme les légumes préparés par la méthode Appert. Pour cela, ils cuisent les cornichons dans le vinaigre additionné de sulfate de cuivre ou tout simplement dans une bassine en cuivre non étamé. Ce procédé n'est pas recommandable.

84. Pommes de terre. — M. Schribaux, professeur à l'Institut agronomique, conseille de détruire les germes des pommes de terre par l'acide sulfurique, qui agit sur eux à la manière d'un véritable antiseptique : « Pour empêcher les pommes de terre de germer, le moyen le plus simple consiste à enlever les bourgeons avec un couteau. Cette opération, pratiquée à la main, est malheureusement trop longue. Pour détruire les bourgeons, mieux vaut tremper les tubercules pendant dix heures dans une solution d'acide sulfurique de 1 à 2 pour 100 pour les variétés potagères à peau mince, telles que la *Hollande*, la *Saucisse*; 2 pour 100 pour les variétés à peau épaisse, telles que la *Richters Imperator*. La préparation de la solution se fait très facilement en versant dans un tonneau en bois 100 litres d'eau, puis 1 à 2 litres d'acide sulfurique du commerce (marquant 66⁰ à l'aréomètre de Baumé). Il ne faut *jamais* procéder inversement, c'est-à-dire verser d'abord l'acide dans le récipient ; autrement on s'exposerait à des projections d'acide.

Après le trempage des tubercules dans la solution acide on les lave à l'eau, puis on les fait sécher ; on les conserve ensuite dans un endroit bien aéré : un grenier par exemple. Il ne pénètre pas d'acide dans la substance du tubercule. La valeur alimentaire de celui-ci reste par conséquent ce qu'elle était. Le lavage à l'eau a emporté l'acide qui imprégnait la surface des pommes de terre, de sorte qu'on peut également les faire consommer sans crainte par les animaux. La concentration de la solution acide ne doit pas être uniforme. Suivant les variétés et aussi suivant la saison à laquelle on opère, la peau du tubercule oppose à la pénétration de l'acide une résistance plus ou moins grande. Avant donc d'opérer sur de grandes quantités, on fera bien d'essayer d'abord sur une vingtaine de pommes de terre afin de déterminer la dose exacte de l'acide à employer. Pour la conservation, il est important de faire choix de tubercules bien sains et d'opérer le traitement à l'acide de préférence lorsque les yeux commencent à sortir. »

CHAPITRE III

CONSERVATION DES FRUITS

PROCÉDÉS MÉNAGERS

I. — EMPLOI DE L'ALCOOL

Les conserves de fruits à l'alcool sont dénommées *fruits à l'eau-de-vie*. L'alcool ne conserve pas le fruit avec sa composition et sa saveur. Il le déshydrate, dissout ses principes sucrés et aromatiques. L'extrait alcoolique et le fruit ne peuvent être consommés qu'après addition de sucre.

Les conserves de fruits à l'alcool ne peuvent pas, comme les conserves de fruits au sirop, être considérées comme des aliments. Ce sont plutôt des liqueurs.

Choix de l'alcool. — Il est nécessaire d'employer un alcool assez fort. L'eau des fruits en abaisse le titre. Celui-ci ne doit pas descendre au-dessous de 16° pour que la conserve ne puisse fermenter. Les fruits à l'alcool du commerce sont en général à 20 degrés.

85. Cerises à l'eau-de-vie. — Généralement les ménagères se contentent de faire macérer les cerises (griottes) dans l'eau-de-vie. Après trois semaines, elles ajoutent du sirop ou du sucre. Elles obtiendront un produit plus fin par les procédés suivants.

PREMIER PROCÉDÉ. — On prend des cerises pas trop mûres et bien saines, on coupe les queues à leur moitié et on jette les fruits dans l'eau froide pour les raffermir et les laver. On les fait macérer pendant six semaines dans de l'eau-de-vie blanche à 50 degrés avec des aromates : vanille, cannelle, clous de girofle, suivant le goût. Enfin les cerises sont mises dans les bocaux que l'on remplit avec le mélange suivant :

Eau-de-vie de macération, 500 centimètres cubes ou 1 demi-litre
Sirop de sucre : 125 grammes de sucre pour 100 centimètres cubes d'eau ou 1 décilitre ; ou 250 grammes de sucre pour 200 centimètres cubes d'eau ou 2 décilitres.

DEUXIÈME PROCÉDÉ. — Les cerises piquées en tous sens

sont jetées dans un sirop bouillant. On donne quelques bouillons et l'on enlève les cerises pour les mettre en bocaux avec de l'eau-de-vie blanche à 5o degrés. On ajoute le sirop cuit au petit boulé. Il faut, pour 3 kilos de fruits, 2 kilos de sucre et 1 litre et demi d'eau-de-vie.

86. Fruits charnus. — *Abricots, prunes, etc.* — PREMIER PROCÉDÉ. — On choisit de beaux fruits mûrs, mais encore fermes, que l'on prépare aussitôt après la cueillette. Les prunes sont essuyées. Les fruits duveteux sont brossés. On les blanchit comme les fruits que l'on conserve au naturel ou au sirop, puis on les met macérer dans l'eau-de-vie blanche à 5o ou 55 degrés, et, après six semaines, on sucre comme pour les cerises.

DEUXIÈME PROCÉDÉ. — Il consiste à blanchir les fruits dans un sirop au lieu de les blanchir dans l'eau.

Abricots. — Les abricots (abricot d'espalier de préférence à l'abricot de plein vent) sont piqués jusqu'au noyau et jetés dans un sirop froid fait à raison de 2 kilos de sucre pour un litre d'eau. On porte graduellement à l'ébullition, on donne quelques bouillons et on verse le tout dans un vase en terre où les fruits confisent pendant 24 heures, après quoi ils sont mis en bocaux. Le sirop, préalablement cuit au petit boulé, est ajouté presque bouillant. On attend trois ou quatre jours et on verse de l'eau-de-vie blanche à 5o degrés. Il faut, pour 3 kilos d'abricots, 2 kilos de sucre et 1 litre et demi d'eau-de-vie.

Prunes reverdies. — Le procédé suivant permet d'après Mme Millet-Robinet[1] de conserver aux prunes Reine-Claude leur couleur verte. Les prunes cueillies encore dures et vertes sont essuyées et piquées jusqu'au noyau, raffermies dans l'eau froide. Elles sont versées dans une soupière en porcelaine et arrosées de sirop bouillant. Elles surnagent. On les immerge en les recouvrant d'une assiette chargée d'un caillou bien lavé. Elles noirciraient si elles restaient exposées au contact de l'air. On laisse confire 24 heures, puis on décante le sirop sans découvrir les prunes. On le cuit 10 minutes et le verse de nouveau sur les fruits qui deviennent jaunes. Le lendemain on chauffe le tout dans la bassine en cuivre. Les prunes gagnent d'abord le fond, puis remontent à la surface et verdissent. On les pêche au fur et à mesure, les égoutte sur un tamis de crin. Enfin on les met en bocal et on ajoute le sirop tiède préalablement cuit au petit boulé, et après trois ou quatre jours l'eau-de-vie blanche à 5o degrés. On emploie les mêmes proportions de fruits, de sucre et d'eau-de-vie que pour les abricots et les cerises. Le reverdissement des prunes par ce procédé est dû, sans nul doute, à la formation dans la bassine en cuivre de sels de cuivre sous l'influence des acides du fruit, dissous par le sirop.

---

1. Mme MILLET-ROBINET, *La maison rustique des Dames.*

87. Poires. — On conserve à l'eau-de-vie la poire de Rousselet et autres petites espèces à chair cassante et parfumée. Les poires sont cueillies un peu vertes. On les pèle et les jette à mesure dans l'eau acidulée par l'acide citrique ou le jus d'un citron, pour les empêcher de noircir. On les cuit ensuite dans un sirop composé de 3oo grammes de sucre pour 5oo grammes de poires non pelées et d'eau, en quantité suffisante pour baigner entièrement les fruits. On verse alors le tout dans un vase en terre et on laisse refroidir. On fait un mélange d'un demi-litre de trois-six (alcool fort 85 degrés) pour 1 kil. 5oo de poires avec le sirop tiède préalablement cuit au petit boulé. Ce mélange est versé sur les poires dans les bocaux.

Emploi des fruits confits et des fruits au sirop. — On peut faire les fruits à l'eau-de-vie en mettant des fruits confits ou des fruits conservés au sirop dans un bocal avec de l'eau-de-vie additionnée de sirop.

Conservation des préparations de fruits à l'eau-de-vie. — Les bocaux sont bouchés au liège. On rend la fermeture plus hermétique en coulant sur le bouchon de la paraffine ou en le recouvrant d'un papier parchemin assoupli dans l'eau et ficelé. On conserve dans un endroit frais et sec.

II. — EMPLOI DU SEL

88. Olives. — Les olives sont les seuls fruits que l'on conserve par le sel. Elles sont cueillies avant complète maturité, en septembre pour les fruits employés comme hors-d'œuvre, en octobre pour ceux utilisés comme condiment.

Dans le premier cas, les fruits sont d'abord traités par la soude à 6 degrés Baumé. Après quelques heures de macération, on les enlève et les met séjourner pendant trois ou quatre jours dans l'eau que l'on renouvelle de temps à autre jusqu'à ce qu'elle reste limpide. On conserve ensuite les olives dans des tonneaux avec une saumure renfermant 60 grammes de sel et 8oo grammes d'eau par kilogramme d'olives.

Dans le second cas, les fruits sont entaillés et mis à macérer dans l'eau que l'on renouvelle à différentes reprises afin de leur enlever leur amertume. On les conserve ensuite dans la saumure comme précédemment.

89. Conservation des fruits par le formol. — Le formol ou formaldéhyde est un puissant antiseptique. On le trouve dans le commerce en solution à 40 pour 100. Il est utilisé pour la conservation des fruits. Il suffit de faire une solution de 3 parties de formol pour 100 parties d'eau froide, d'y plonger les fruits pendant 10 minutes, puis de les égoutter et les sécher sur des claies. Le formol détruit tous les germes de moisissures. Il n'arrête pas la maturation des fruits qu'il est nécessaire de conserver ensuite pour ralentir la respiration dans une atmosphère froide. Le formol employé ainsi n'est pas nuisible à la santé. Il est volatil et, s'il empêche une attaque ultérieure du fruit par les germes de l'air, c'est qu'il coagule les matières albuminoïdes avec lesquelles il se trouve en contact, et les rend ainsi imputrescibles. Il est bon de laver à l'eau froide avant de les sécher les fruits que l'on mange avec leur pelure (raisins, groseilles, prunes, etc.).

90. Conservation des fruits par l'acide sulfureux. — Nous avons dit qu'il était utile de désinfecter les fruits à leur entrée dans le fruitier, en les exposant à l'action du gaz sulfureux; on combat ensuite les moisissures qui peuvent se développer en brûlant également du soufre dans le fruitier.

L'acide sulfureux peut encore rendre des services pour conserver pendant quelque temps, sans fermentation, des fruits très altérables, comme les cerises, les groseilles, les pêches, le raisin, quand on ne peut pas les utiliser immédiatement; le cas se présente dans la fabrication des conserves de fruits par la méthode Appert.

Les fruits sont étendus sur des claies dans une chambre ou un meuble et l'on brûle du soufre. Dans le même but, on peut noyer les cerises et les groseilles dans une solution de bisulfite de soude ou de potasse dans l'eau, à raison de 20 à 30 grammes par hectolitre d'eau.

Nous avons dit que l'acide sulfureux décolorait les fruits (voir cerises au naturel), mais que la couleur réapparaissait avec plus de vivacité même, après la transformation du gaz sulfureux absorbé par les fruits, en acide sulfurique, sous l'influence de l'oxygène de l'air.

CHAPITRE IV

CONSERVATION DES VIANDES

PROCÉDÉS MÉNAGERS

91. Emploi du vinaigre. — Pour conserver la viande (bœuf, gibier à poil) pendant quelques jours, on la fait mariner dans du vinaigre avec des aromates.

92. Emploi du sel. — En France, on sale surtout le porc qui constitue la base de l'alimentation carnée dans les campagnes. On peut saler le bœuf. On ne sale pas le mouton qui abandonne trop d'eau. Le poisson salé (harengs, morue) est l'objet d'une industrie importante.

La salaison se fait : 1° *à sec* ; 2° *avec une saumure* ; 3° *par injection de sel.*

Il importe, pour réussir la salaison à sec ou pour la saumure, d'opérer sur de la viande parfaitement refroidie, par temps sec et froid et de placer le saloir dans une cave ou un local à basse température. En effet, le sel pénètre de l'extérieur à l'intérieur, sa diffusion est assez lente ; si les conditions de température sont favorables, des fermentations pourront s'établir dans les parties profondes autour des os et le sel ne fera que ralentir l'altération.

Salaison à sec. — C'est le procédé ordinairement employé dans les campagnes pour saler le porc. On utilise le gros sel blanc et l'aromatise avec du poivre en poudre ou en grains. On ajoute quelquefois du nitrate de potasse ou salpêtre, à raison de 15 grammes par kilo de sel afin de conserver à la viande sa couleur rose.

Le saloir est en grès ou en bois de chêne. Sa forme varie suivant les contrées. Généralement, il est de dimensions suffisantes pour contenir un porc entier et l'on met ensemble : lard gras, viande et jambons. Il est préférable d'avoir plusieurs petits saloirs. Dans l'un on mettra le lard gras ; dans l'autre, poitrine et viande qui constituent le petit salé et les autres morceaux. Les jambons seront en général préparés spéciale ment. On emploiera, pour tirer du saloir le morceau désiré, une fourchette, en évitant d'y plonger la main.

Viande. — Il est préférable de découper le porc en petits morceaux. On les prend un à un et les frotte énergiquement avec le sel aromatisé préalablement étendu sur la table, en ayant soin de l'introduire avec le pouce aussi profondément que possible surtout autour des os. Le saloir a été parfaitement nettoyé et ébouillanté ; on fait sur le fond une couche de sel, puis on dispose les morceaux en les serrant fortement et les saupoudrant de sel abondamment. On ajoute de place en place quelques feuilles de laurier, des baies de genièvre, etc. On termine par les morceaux les plus altérables qui sont consommés les premiers. Ce sont ceux qui avoisinent la saignée et les parties osseuses (tête, pattes, etc.). On étend une épaisse couche de sel, remplissant tous les vides de la surface, et l'on ferme.

La proportion de sel employé dans la salaison est de 22 kilos pour 100 kilos de viande.

Au bout de cinq à six jours on secoue le saloir avec précaution. S'il se fait des vides à surface, on les remplit avec du sel.

Lard. — Le lard se conserve *en morceaux* que l'on sale avec la viande, ou met dans un saloir particulier. Dans ce dernier cas, il est nécessaire de verser après une semaine une saumure saturée de sel, de manière à recouvrir la surface. Le lard renferme en effet moins d'eau que la viande et la saumure formée est insuffisante pour baigner entièrement tous les morceaux. Ceux qui resteraient à découvert seraient exposés à rancir.

On peut conserver le lard *en planches.* Celles-ci sont salées comme les morceaux et disposées par couches, la couenne en dessus, dans un saloir ayant la forme d'une auge. On presse fortement à l'aide de planches chargées de poids. Après quinze jours, on retire le lard sans ôter le sel et le suspend au plafond dans un local sec et aéré. On le protège contre les mouches pendant l'été en l'enveloppant de papier.

Jambon. — La pièce est parée; on lui donne une forme arrondie, puis on la frotte énergiquement avec le mélange suivant, préparé pour deux jambons : 10 kilos de sel pilé, 125 grammes de salpêtre, 50 grammes de poivre en poudre.

Dans le fond du saloir ou d'une auge pouvant contenir les deux jambons on fait une couche du mélange salin et l'on ajoute des aromates (laurier, thym, clous de girofle, genièvre), le tout haché finement. On place le premier jambon, la couenne en dessous : on le garnit de sel et d'aromates, on applique le deuxième jambon, la couenne en dessus et on ajoute le reste du sel. Le saloir est mis en lieu frais et on presse à l'aide d'une planche chargée de poids. Au bout d'un mois, les jambons sont tirés du saloir et suspendus en lieu sec et aéré. Dans certaines exploitations, on place les jambons à la partie supérieure du saloir commun et on les retire après deux mois pour les suspendre. Dans d'autres, on met les jambons au fond du saloir commun. On les y laisse tout l'hiver et on les suspend en mars.

Salaison par emploi de la saumure. — Cette méthode est employée par les charcutiers pour une conservation de quelques jours.

Ils immergent les morceaux dans une saumure plus ou moins concentrée La composition suivante est adoptée dans beaucoup de cas.

Eau.	100 litres.
Sel.	12 kil. 500.
Salpêtre.	400 grammes.
Sucre.	500 —

Le sucre a, paraît-il, la propriété de rendre la salaison plus tendre. Cette méthode n'est pas applicable dans l'économie domestique. En effet, dans la salaison à sec, la viande perd de l'eau et absorbe du sel. Dans la salaison par la saumure, la viande rend peu d'eau et n'absorbe pas une quantité de sel suffisante pour assurer une conservation de longue durée. Toutefois, le lard destiné à l'armée et à la marine est conservé par emploi de saumure. On procède méthodiquement, c'est-à-dire qu'on porte les quartiers successivement dans des saumures de plus en plus concentrées.

Salaison par injection. — Cette méthode consiste à introduire une saumure dans une grosse veine de l'animal récemment tué (Procédé Milne-Edwards) ou à injecter dans les différents quartiers, la solution saline à l'aide de sondes (Procédé Martin de Lignac).

Valeur alimentaire des viandes salées. — La saveur de la viande est modifiée par la salaison ; mais, à poids égal, la viande salée est plus nutritive que la viande sèche. En effet, les principes solubles de la viande passant dans la saumure sont bien faible quantité, et la viande perd beaucoup plus d'eau qu'elle n'absorbe de sel.

L'usage prolongé des viandes salées, dans la marine, a occasionné le scorbut.

Utilisation de la saumure. — On peut laver rapidement et à plusieurs reprises le sel qui se trouve au fond du saloir et l'utiliser dans la cuisine. La saumure est employée en quantité convenable pour saler la nourriture des porcs.

93. Boucanage. — Le boucanage, qui consiste à fumer les salaisons, les dessèche partiellement et leur donne une saveur spéciale en les imprégnant d'acide pyroligneux et de produits goudronneux : créosote, huiles empyreumatiques, etc. En même temps, ces composés complètent, par leurs propriétés antiseptiques, l'action conservatrice du sel et de la dessiccation.

On fume le lard, les andouilles, la poitrine, et surtout les jambons.

A la campagne, quand les jambons salés, sortis du saloir, sont bien égouttés, on les enferme dans une grosse toile pour les abriter des poussières et des mouches qui, malgré le sel, pourraient les visiter et y pondre leurs œufs; puis on les suspend de chaque côté de la cheminée dans la cuisine, au bout d'une perche ou à l'aide de crampons. On ne les descend que pour en couper des tranches au fur et à mesure des besoins.

Cette méthode est bien imparfaite. Le jambon ne se fume que très lentement et des coups de feu peuvent se produire, accélérant le rancissement des matières grasses.

Il est préférable, quand on dispose d'une cheminée, dont on ne se sert pas habituellement, comme la cheminée du four dans certaines régions, d'y placer les jambons à 3 ou 4 mètres au-dessus du foyer, de manière qu'ils ne touchent pas la maçonnerie et reçoivent la fumée de toutes parts. On fait alors dans le four, qui se prête bien à une combustion lente, un feu de sciure, de branchages encore verts : hêtre, sapin, et d'arbrisseaux odoriférants : genièvre, sauge, laurier, et l'on s'efforce d'obtenir plus de fumée que de flamme.

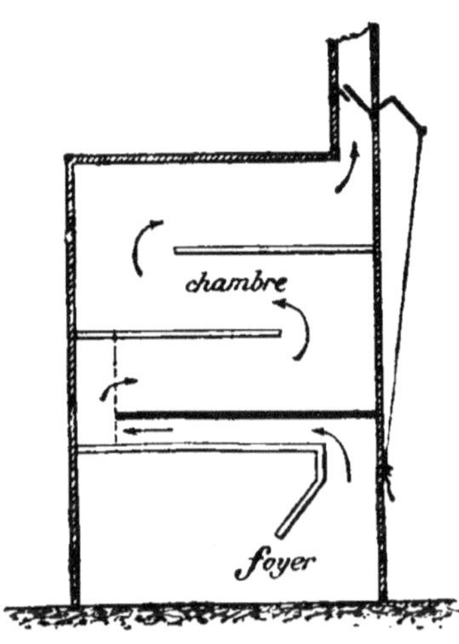

FIG. 97.
CHAMBRE POUR LE BOUCANAGE
DE LA VIANDE.

Après une demi-heure, on descend le jambon et le frotte avec des aromates : poivre et girofle en poudre, thym et laurier hachés finement. On fume de deux jours en deux jours pendant une demi-heure, et après quatre ou cinq opérations, la viande est suffisamment boucanée. On peut procéder de la même manière pour la poitrine. Les morceaux qu'on a sortis du saloir, après les y avoir laissés quinze jours, sont égouttés puis fumés.

Dans les contrées où le boucanage est une spécialité, l'opération se pratique dans une armoire de deux à trois mètres de hauteur ou dans une chambre munie d'une cheminée (fig. 97). On peut ainsi traiter une grande quantité de viande à la fois, à l'abri des poussières et avec une fumée froide.

La préparation des jambons varie avec les régions. Les *jambons de Mayence* par exemple sont parés, puis lavés à l'eau-de-vie et salés avec un mélange fait dans les proportions suivantes :

250 grammes de sel ; 60 grammes salpêtre ; 30 grammes poivre en poudre ; 15 grammes clous de girofle en poudre.

Ils restent un mois dans le saloir ; après quoi, ils sont tirés, égouttés et mis dans un baril avec de la lie de vin. Au bout de quinze jours on les fume. Le boucanage demande cinq à six semaines. Pour terminer, on suspend les jambons dans un tonneau au-dessus d'un réchaud sur lequel on brûle des branches de genévrier à plusieurs reprises. On conserve les jambons sous une couche de fines cendres de bois.

94. Emploi de l'acide sulfureux. — Procédé de Lapparent.

— *Conservation temporaire.* — M. de Lapparent, inspecteur général de l'agriculture, conserve depuis vingt-cinq ans par l'acide sulfureux la viande destinée à sa consommation familiale, à la campagne.

Dès la réception de la viande, on la suspend dans un garde-manger ordinaire et après avoir allumé dans une assiette quelques centimètres de mèche soufrée, on referme la porte.

La viande ne contracte aucun mauvais goût et est très saine. Ce procédé bien simple, rendra de grands services dans les campagnes, où l'on ne reçoit souvent la viande qu'une fois par semaine.

Conservation de longue durée. — M. de Lapparent a montré qu'il est possible de conserver la viande pendant plusieurs mois, à l'aide de l'acide sulfureux.

Il faut pour cela :

1° *Sulfurer la viande en vase clos, le plus tôt possible après l'abatage.*

2° *Mettre la viande en morceaux ne présentant pas de section d'os ; car c'est toujours par ces sections que les altérations débutent, ainsi que les bouchers le savent bien, pour se répandre de là avec rapidité dans les tissus. Par suite, pour les gros morceaux, il convient de procéder par désarticulation ;*

3° *Remplir le récipient, au bout de vingt-quatre à quarante-huit heures, avec le gaz acide carbonique, au moyen de tubes de cet acide à l'état liquide. Le gaz carbonique empêche l'oxydation du gaz sulfureux.*

Le conseil d'hygiène de l'armée repoussa ce procédé parce que la viande cuite renfermait 22 grammes de sulfites et bisulfites par 100 kilos. On tolère cependant l'emploi de 20 à 30 grammes de bisulfites par hectolitre dans les vendanges et les vins.

CINQUIÈME PARTIE

CONSERVATION PAR ENROBAGE

CHAPITRE I

ENROBAGE DANS LES SUBSTANCES IMPERMÉABLES

PROCÉDÉS MÉNAGERS

95. Principe de la méthode. — Les tissus animaux et végétaux *sains* ne renferment pas de microbes. Si on les enrobe dans une substance imperméable à l'air, on assure leur conservation. D'une part, l'enrobage arrête les ferments; d'autre part, il supprime l'évaporation et l'action oxydante de l'air qui agit notamment sur les matières grasses en causant le rancissement.

Beaucoup de substances ont été préconisées. Elles sont en général coûteuses, d'un emploi peu commode, ou ont une odeur qui dénature les matières à conserver. Citons par exemple le caoutchouc, la gutta-percha, le collodion, le goudron, etc.

96. Fruits. — *Emploi de la paraffine.* — La paraffine a l'avantage d'être peu coûteuse, neutre, inodore, inaltérable à l'air. On peut conserver de beaux fruits, pommes, poires, pêches, en les plongeant dans un bain de paraffine fondue. Notons que cet enrobage supprime les échanges gazeux entre le fruit et l'atmosphère.

Emploi de feuilles d'étain. — On peut de même conserver les plus beaux fruits en les enveloppant entièrement d'une feuille d'étain pur qui est absolument imperméable à l'air.

On trouve dans le commerce des feuilles d'étain pur (3oo au kilogramme) coûtant, suivant la valeur du métal, de 1 à 2 centimes la pièce. Une seule feuille suffit pour envelopper un fruit.

Quand on vend ou consomme les fruits on met les feuilles de côté et revend le métal au poids.

97. Œufs. — *Emploi de la chaux.* — Dans 15 litres d'eau on éteint un kilo de bonne chaux vive. On agite le mélange à plusieurs reprises pour faciliter la dissolution. On laisse reposer et décante le liquide clair. D'autre part, on empile dans des pots en grès vernissé, le gros bout tourné vers le haut, *les œufs fraichement pondus, non fêlés et parfaitement propres.* On les recouvre entièrement d'eau de chaux. On ferme les pots et les met en lieu frais.

Il se forme, sous l'influence du gaz carbonique de l'air, à la surface du liquide, une couche glacée de calcaire ou carbonate de chaux. On ne doit la briser qu'au moment de prendre les œufs pour les besoins du ménage. Les œufs se conservent ainsi de six mois à un an.

L'eau de chaux traverse les pores de la coquille, et remplit l'œuf; aussi quand on plonge celui-ci dans l'eau bouillante pour la cuisson à la coque, il se fendille sous l'influence de la dilatation intérieure. On obvie à cet inconvénient en perçant le gros bout avec une forte aiguille enfoncée d'un demi-centimètre.

La conservation des œufs est assurée par les propriétés légèrement antiseptiques de l'eau de chaux et surtout par l'imperméabilité à l'air et aux germes de la croûte calcaire superficielle. L'eau de chaux pure ne peut suspendre la putréfaction d'un œuf gâté qui suffit pour contaminer toute la masse. On prend les œufs avec une cuillère; le seul fait de plonger la main dans la préparation pourrait la polluer.

Il arrive que les œufs ainsi conservés acquièrent un goût alcalin très prononcé. On attribue généralement ce fait à l'emploi d'une trop grande quantité de chaux.

Il est plutôt causé par les alcalis que renferment les chaux en plus ou moins grandes proportions suivant leur origine et qui se dissolvent en totalité dans l'eau, tandis que la chaux peu soluble ne se dissout pas davantage, si l'on en éteint 1, 2, 3 ou 4 kilos, dans 15 litres d'eau par exemple.

On obtiendra un résultat certain en lavant la chaux avec de l'eau à deux ou trois reprises pour entraîner les alcalis. On versera de l'eau bouillie sur la chaux éteinte pour faire la solution dans laquelle on conservera les œufs. La proportion de chaux employée n'aura plus d'importance.

Emploi du bain de chaux salée ou méthode Kubel. — Les œufs conservés par le procédé précédent acquièrent avec le temps un goût désagréable dû à la pénétration de la chaux. Ils sont bons en omelette ou sur le plat, mais leur alcalinité est manifeste quand ils sont cuits à la coque.

D'après le Dr Kubel, il suffirait pour obvier à cet inconvénient d'augmenter la densité du bain et de l'amener à celle du blanc d'œuf en additionnant l'eau de chaux de sel de cuisine à raison de 60 grammes par litre.

Quelques auteurs assurent obtenir le même résultat en ajoutant à la chaux du sucre en poudre à raison de 10 grammes de sucre pour 100 grammes de chaux.

Emploi du verre soluble. — Le verre soluble est un liquide sirupeux, mélange de silicate de potasse et de silicate de soude. Il forme autour des œufs une véritable enveloppe vitreuse imperméable à l'air et aux germes. L'œuf ne perd pas de son poids et se conserve avec toute sa fraîcheur. On ne doit pas employer un verre soluble à réaction alcaline. Il donnerait aux œufs un goût de savon, comme il arrive quelquefois avec l'eau de chaux.

Dans un récipient bien nettoyé et ébouillanté, on fait une solution de 10 parties de verre soluble dans 100 parties d'eau froide préalablement bouillie. On y plonge quelques instants les œufs, puis on les retire et les pose pour les sécher sur des feuilles de papier sans qu'ils se touchent. Si l'on ne prenait pas cette précaution, on ne pourrait séparer les œufs sans les casser. On les enveloppe dans du papier et les conserve dans des caisses en lieu sec et froid. Les œufs ainsi préparés sont encore plus fragiles que les œufs conservés à la chaux. Ils se fendent également quand on les plonge dans l'eau bouillante. Ils cèdent alors sous la pression des gaz qui ne peuvent s'échapper de la chambre à travers l'enveloppe vitreuse qui recouvre la coque. On évite encore cet accident en perçant le gros bout de l'œuf avec une aiguille.

Emploi de la paraffine. — On peut aussi enrober les œufs dans la paraffine. C'est un procédé assez délicat mais très sûr. Les œufs suspendus à l'aide d'un fil formant boucle sont plongés un instant dans un bain de paraffine portée à une température modérée mais suffisante pour maintenir la fusion. La paraffine se solidifie rapidement formant à la surface de l'œuf une mince couche imperméable. Un kilo de paraffine suffit pour 3000 œufs.

CHAPITRE II

ENROBAGE DANS DES CORPS POREUX

98. Principe de la méthode. — Les corps poreux, secs et non hygroscopiques, comme l'ouate non hydrophile, l'ouate de tourbe, le liège granulé, la sciure de bois ; les poudres fines, comme le charbon de bois tamisé, les cendres tamisées, le sable sec, la craie et le talc pulvérisés, etc., sont capables de filtrer l'air en retenant ses germes. Ils peuvent être employés à la conservation de certains produits comme les fruits, les œufs, les légumes. En même temps, ces corps poreux maintiennent les substances qu'elles enrobent dans une atmosphère où les échanges gazeux sont très lents et la température peu variable : deux conditions favorables à la conservation.

Ainsi, nous avons dit (Conservation par le froid) que l'on conservait les œufs et les fruits entre des feuilles de ouate ou des couvertures de laine ou bien encore dans le liège granulé et les substances pulvérulentes ; que les fruits, les racines et les tubercules se conservaient parfaitement bien dans le sable sec.

Il importe pour réussir de choisir, dans tous les cas, des échantillons sains et à surface intacte.

Certains auteurs assurent qu'il est possible de garder la viande fraîche dans le charbon. Il suffit de la laver ensuite avant de l'employer. Cette méthode nous paraît incertaine. L'opération pourra réussir avec des volailles, du gibier fraîchement tué, dépouillé ou plumé, vidé avec soin et refroidi dans un air sec, de manière à former à la surface une enveloppe protectrice semblable à la coque de l'œuf ou au tégument du fruit. De même on pourra tenter de conserver dans du charbon, des membres d'animaux en prenant soin de les démuscler et de les désarticuler sans couper la chair ni les os. Il nous paraît difficile de conserver des morceaux dont la surface humide est toujours plus ou moins souillée de germes. Le charbon n'arrêtera pas la putréfaction. Il ne fera que la masquer en absorbant les gaz dégagés.

CHAPITRE III

ENROBAGE APRÈS TRAITEMENT PRÉALABLE

99. Stérilisation superficielle. — On stérilise superficiellement *les viandes* par une cuisson modérée. On les enrobe
ensuite dans une substance imperméable. On a tenté ainsi de
conserver les animaux de boucherie dans la *gélatine.*

Les animaux sont dépouillés sans les souffler. On sépare les
quartiers en les démusclant et les désarticulant et les stérilise
superficiellement par un feu vif. On les plonge ensuite dans un
bain de gélatine également stérilisée. Elle forme après dessiccation un enrobage imperméable.

On peut conserver en été à l'état frais, pendant dix ou quinze
jours, une *volaille* ou une pièce de *gibier* par enrobage dans le
beurre.

La volaille tuée est plumée et vidée. On essuye soigneusement l'intérieur avec un linge propre et sec. Quand elle est
parfaitement refroidie, on la met dans un pot en terre vernissée
et verse dessus du beurre fondu de manière à l'en recouvrir
sur une épaisseur de 4 à 5 centimètres. On couvre le pot et le
place en lieu froid et sec.

On pratique de même avec le gibier fraîchement tué. La température du beurre fondu doit être suffisante pour détruire les
germes qui peuvent souiller la surface de la viande.

100. Stérilisation dans la masse. — La méthode par stérilisation superficielle est délicate et peut exposer à des échecs.
En effet, il peut se trouver dans l'épaisseur de la viande des
germes anaérobies, apportés par les manipulations. L'enrobage
n'empêchera pas leur développement. On stérilise alors la
viande par une cuisson complète avant de l'enrober.

Confit de volailles : oies et canards. — Les confits de volaille
se préparent de la manière suivante dans le Sud-Ouest de la
France, où ils sont en grand honneur.

On prend une oie finement engraissée. Après l'avoir tuée er.
la saignant, on l'ébouillante, ce qui permet de la plumer sans
déchirer la peau et lui donne un meilleur aspect pour la vente.
Quand elle est parfaitement refroidie, on sectionne le cou au

niveau du bréchet, puis on fait une incision ventrale jusqu'à l'anus qu'on ligature. On enlève alors la peau, les matières grasses y adhérentes et les membres, ailes et cuisses sectionnés au niveau de leurs articulations avec la carcasse, puis on sépare délicatement le foie et le gésier et la graisse qui entoure les boyaux.

On met habituellement en confit les membres, le croupion, avec la peau qui les recouvre et le gésier, conservés entiers ou coupés en morceaux. Pour ce faire, on les sale fortement et les laisse de 36 à 48 heures dans un vase en terre vernissée.

On découpe en menus morceaux la peau et la graisse de couverture, on y joint la graisse des boyaux et l'on fait fondre à feu doux dans un chaudron en cuivre.

Quand la fusion est commencée, on jette les quartiers dans la bassine et on les retire lorsque la viande se détache nettement de l'os. On dit alors que « la chair se retire de l'os ». Les morceaux sont alors placés dans un pot de grès vernissé sans les serrer et sont recouverts de la graisse filtrée sur une passoire.

Après refroidissement on ferme le pot et le place en lieu froid et sec.

Le confit de canard se prépare de la même manière.

Utilisation de la carcasse. — La carcasse coupée en morceaux est salée à sec et consommée au fur et à mesure des besoins. La peau de l'oie après la fusion de la graisse constitue ce que l'on appelle les « grattons ».

Ils sont utilisés immédiatement ou salés. La graisse qui enrobe les quartiers est employée pour les préparations culinaires. Avec les foies, on fabrique les pâtés dits de foie gras. On les conserve également dans des boîtes métalliques soudées et stérilisées au bain-marie.

Confit de porc. — On les prépare comme les confits d'oie.

Autre procédé. — La viande est cuite dans la graisse de porc comme dans le cas précédent. Quand elle est à point, on prend les morceaux avec une fourchette et les roule dans du sel fin, de manière que toutes les parties en soient imprégnées. On met en pots et couvre de graisse.

SIXIÈME PARTIE

CONSERVATION DES MATIERES GRASSES

101. Rancissement des matières grasses. — Les aliments dont nous avons étudié la conservation renferment à la fois tous les éléments nécessaires à la vie. Ils peuvent pour la même raison concourir à l'existence des microbes, ils sont fermentescibles.

Il n'en est pas de même des *matières grasses* qui sont *infermentescibles*. Elles ne s'altèrent que par une *oxydation lente* au contact de l'air; elles subissent le *rancissement*.

La rapidité du rancissement dépend de la nature de la matière grasse, de l'intensité de la température et de la lumière.

102. Conservation des matières grasses. — D'une manière générale, pour préserver les matières grasses (huiles et graisses), du rancissement, il faut les conserver à l'abri de l'air, dans des récipients pleins et hermétiquement clos.

BEURRE

103. Altérations du beurre. — Si le beurre n'était composé que de matières grasses, sa conservation serait facile. Mais il renferme des substances étrangères, dont les fermentations engendrent des corps nouveaux qui décomposent les matières grasses. On trouve toujours dans le beurre, malgré tous les soins apportés dans sa fabrication, des traces de petit-lait dont la composition (eau, matières minérales, sucre de lait ou lactose, caséine), est favorable au développement des microbes. Le beurre renferme également de nombreux germes qui se sont développés pendant la maturation de la crème (ferments lactiques, ferments de la caséine), et qui ont été apportés en outre pendant les manipulations par l'air et par l'eau : penicillium glaucum, oïdium lactis, micrococcus prodigiosus, etc.

La fermentation de la crème, quand elle est l'œuvre de bonnes espèces (ferments lactiques purs ou accompagnés de ferments choisis de la caséine) est une fermentation utile et même nécessaire. L'acide lactique formé aux dépens du lactose s'oppose au développement des espèces nuisibles, capables d'altérer la matière grasse avant même le barattage.

L'acide lactique est, en outre, la cause dominante du bouquet du beurre. Celui-ci est un mélange de *glycérides*, c'est-à-dire de combinaisons de la glycérine avec des acides gras, les uns fixes, les autres volatils. C'est en mettant des acides volatils en liberté que l'acide lactique concourt à développer l'arome des beurres.

Toute fermentation qui se produit dans le beurre fait est nuisible. Les ferments lactiques, l'oïdium lactis, etc., décomposent les matières grasses, mettent des acides gras en liberté. Le beurre devient sûr et rancit rapidement, car les acides gras et particulièrement les acides volatils s'oxydent rapidement. ..

104. Conservation momentanée du beurre à l'état frais. — Le beurre se conservera d'autant plus longtemps, à la température ordinaire qu'on aura apporté plus de soins dans sa fabrication.

La crème sera pasteurisée, puis ensemencée avec des ferments sélectionnés. Le beurre sera lavé judicieusement pour enlever le plus possible de petit-lait. Dans ce but, on arrêtera le barattage quand les grumeaux auront la grosseur d'un grain de millet; on soutirera le petit-lait et on lavera le beurre dans la baratte avec de l'eau pure à trois ou quatre reprises. Enfin, pendant l'opération du malaxage, on manipulera le beurre non avec les mains, mais avec des spatules en bois.

Les mottes de beurre, entourées d'un papier spécial qui les préserve du contact de l'air, seront mises en lieu frais de manière à réduire les fermentations.

105. Conservation de longue durée. — Puisque les fermentations du petit-lait sont la cause principale du rancissement, toutes les méthodes que nous avons décrites pour conserver les substances animales et végétales complexes sont applicables au beurre.

I. *Réfrigération*. — Il est de connaissance vulgaire que le beurre se conserve frais beaucoup plus longtemps pendant l'hiver que pendant la saison chaude. La *réfrigération artificielle* du beurre assure une longue conservation en toute saison. De plus, le froid raffermit le beurre en été et lui donne une valeur plus élevée que le beurre mou et coulant.

Le beurre absorbe facilement toutes les odeurs. Il ne doit pas être conservé avec des substances telles que la viande dont les émanations altéreraient sa finesse et son bouquet.

Le beurre est réfrigéré à la température de — 1 à + 2 dans les chambres froides. Il peut ainsi se conserver deux ou trois mois avec toutes ses qualités.

La congélation du beurre à — 5 ou — 6 degrés lui assure une conservation indéfinie mais lui fait perdre son arome.

Si l'on n'a besoin de conserver le beurre que pendant une

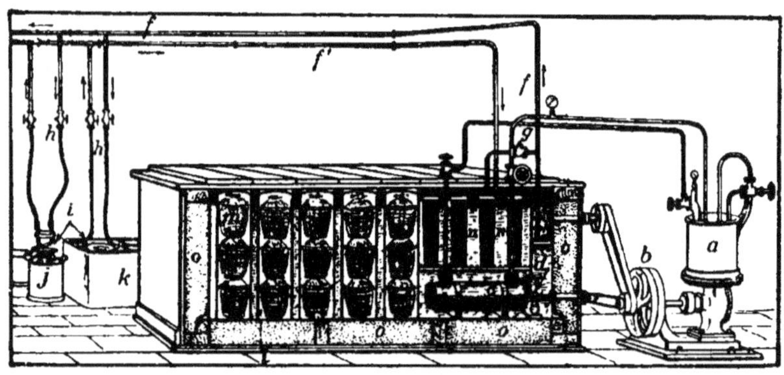

Fig. 98. — Machine frigorifique a chlorure de méthyle et frigorifère alvéolaire. Douane pour la conservation du beurre et la production du froid nécessaire dans l'industrie laitière.

a, *Compresseur liquéfacteur de la machine frigorifique;* b, *poulies fixe et folle montées sur l'arbre du compresseur et recevant commande du moteur;* c, *réfrigérant noyé dans la saumure;* d, *petite hélice, agitant la saumure;* e, *pompe à circulation de saumure noyée dans le frigorifère;* f, *canalisation de saumure pouvant aller à une chambre froide;* f' *retour de la saumure;* g, *clapet régulateur de pression pour la saumure réfrigérante;* h-h, *tuyaux flexibles conduisant la saumure dans des serpentins appelés irradiateurs;* i, *irradiateurs pouvant se placer dans un bac à eau douce, un pot à lait ou un pot à crème pour refroidir le liquide;* j, *pot de lait refroidi par l'irradiateur;* k, *bac à eau douce, on y plonge les pots de crème, la fermentation de la crème se fait à température convenable, basse et constante;* l, *alvéoles dans lesquels on place les mottes de beurre à refroidir;* m, *mottes de beurre dans leur emballage;* n, *mouleaux à glace, plongés dans la saumure;* o, *parois isolées.*

courte durée, on peut faire usage des frigorifères alvéolaires (fig. 98).

2. *Stérilisation par la chaleur.* — Le beurre est purifié et stérilisé par chauffage, mais il perd sa finesse et son bouquet.

Le beurre est chauffé au bain-marie ou plus généralement à feu nu; la température dans ce dernier cas doit être modérée, elle ne doit pas dépasser 90 à 100 degrés, et il faut éviter les coups de feu. Il est inutile d'écumer le beurre; l'écume formée de grumeaux de caséine tombe d'elle-même et se rassemble dans le fond de la bassine avec le petit-lait. Quand le beurre fondu est parfaitement limpide, on le décante dans des vases en faïence, en grès ou en verre. On bouche hermétiquement après complet refroidissement.

3. **Salaison.** — Avec les mains bien propres, on pétrit le beurre et le sel finement pulvérisé à raison de 1 kilogramme de sel pour 15 à 20 kilogrammes de beurre de manière à obtenir un mélange intime. Le sel qui est avide d'eau se dissout dans le petit-lait et en facilite l'extraction. Il se forme une saumure qu'on jette. L'opération bien conduite opère un délaitage énergique. Le beurre est ensuite tassé fortement dans des pots en grès; on recouvre d'une couche de sel et d'un linge bien propre, puis on ferme hermétiquement et conserve les vases en lieu frais.

Pour utiliser le beurre, on écarte le sel avec une spatule et on coupe la masse en tranches larges et peu profondes. Dans le fond du vase, la motte est baignée dans une saumure.

La conservation du beurre est assurée par le délaitage et les propriétés antiseptiques du sel.

TABLE ALPHABÉTIQUE

TABLE DES MATIÈRES

CHAPITRE IV

Conserves de fruits dans les ménages et dans l'industrie par la méthode Appert.

CHAPITRE V

Conserves de viande et de poisson par la méthode Appert.

CHAPITRE VI

Conservation du lait par la méthode Appert.

II. — Méthode de conservation en récipients non hermétiquement clos.

CHAPITRE VII

Fabrication des gelées, confitures, marmelades dans le ménage.

DEUXIÈME PARTIE

CONSERVATION PAR LE FROID

CHAPITRE I

Généralités sur la méthode de conservation par le froid.

CHAPITRE II

Conservation par le froid des produits d'origine végétale (fruits et légumes).

CHAPITRE III

Conservation par le froid des aliments d'origine animale.

TROISIÈME PARTIE

CONSERVATION PAR DESSICCATION

CHAPITRE I

Procédés primitifs de dessiccation.

CHAPITRE II

Procédés perfectionnés de dessiccation.

QUATRIÈME PARTIE
CONSERVATION PAR LES ANTISEPTIQUES

CHAPITRE I
Généralités sur les antiseptiques.

CHAPITRE II
Conservation des légumes.

CHAPITRE III
Conservation des fruits.

CHAPITRE IV
Conservation des viandes.

CINQUIÈME PARTIE
CONSERVATION PAR ENROBAGE

CHAPITRE
Enrobage dans les substances imperméables.

CHAPITRE II

Enrobage dans des corps poreux.

CHAPITRE III

Enrobage après traitement préalable.

SIXIÈME PARTIE

CONSERVATION DES MATIÈRES GRASSES

7 1872. — Imprimerie LAHURE, rue de Fleurus, 9, à Paris.